中公新書 2763

鈴木正彦
末光隆志 著

「利他」の生物学

適者生存を超える進化のドラマ

中央公論新社刊

目次

序にかえて――生物は利己的か、利他的か

　研究室の卒業生でボランティアに熱心な青年がいます。彼の話を聞いていると、その場に行って困っている人を見ると助けざるをえない気持ちになるそうです。彼に限らず、人間は同胞を助ける気持ちが強くあります。目の前で、お年寄りや小さい子供が道でつまずいたりすると、おもわず「危ない」と助ける行為はほとんどの人に見られるのではないでしょうか。特に自分にメリットが還ってくるのを期待するわけでもなく、とっさに取る行為といえるでしょう。このような行為は利他的行動といわれます。このような利他的行動は生物が誕生し進化するなかで、どのようにして生じたのでしょうか。そして、利他的行動は自己のためではなく、本当に他の個体のために行っている行為なのでしょうか。

　利他的行動のほうが、利己的行動よりも集団としてのメリットが大きいという説がありま す。災害が起こったときに人々が利己的に我先に逃げ出すのではなく、利他的に助け合う行動のほうが多く助かることが分かっているからです。逃げ道を見つけたときに、ひとりだけ

逃げるのではなく、逃げ道があることを皆に知らせて逃げるほうが助かる人間が多く、集団としてのメリットが大きい。また、逃げる途中、さらなる困難にぶつかったときに、今度は別の人間が逃げ道を見つけたりするので、助かる確率が高くなります。結局、こうした助け合いが集団を利することになります。

集団内での助け合いは動物にも見られます。シジュウカラガンやミーアキャットのように、鳥類や哺乳類の世界では自分が属する集団を守るために見張り役を行う個体が存在します。この個体は外敵が近くに来たことを察するとけたたましい警告音を出して仲間に危険を知らせます。その個体は目立つ行為をするので外敵の餌食になりやすく、このような行為はその個体自身にとってはデメリットといえるでしょう。それにもかかわらず、こうした利他的行動には集団全体でみると、逃げる準備ができ生存率が高くなるというメリットがあるように思えます。

しかし、これには別の見方もあります。最初に敵を発見した個体にしてみれば、黙って飛び立つと群れから離れるリスクが大きいので、危険を少なくするため、警告音を発して他の仲間と同時に飛び立つほうを選ぶのだという考え方です。そのため、警告音を発する行為は、純粋な利己的行為であり、他個体に対する「操作」だという説もあります。

南極のコウテイペンギンはアザラシが天敵で、ペンギンたちは水際でアザラシがいるかど

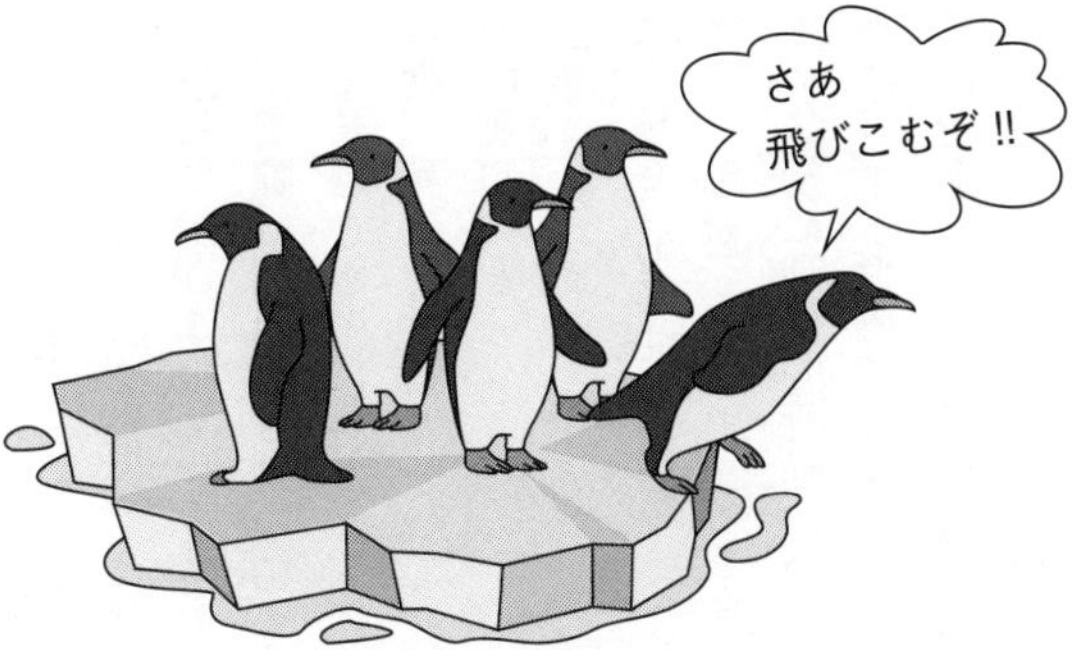

〈利他的行動〉

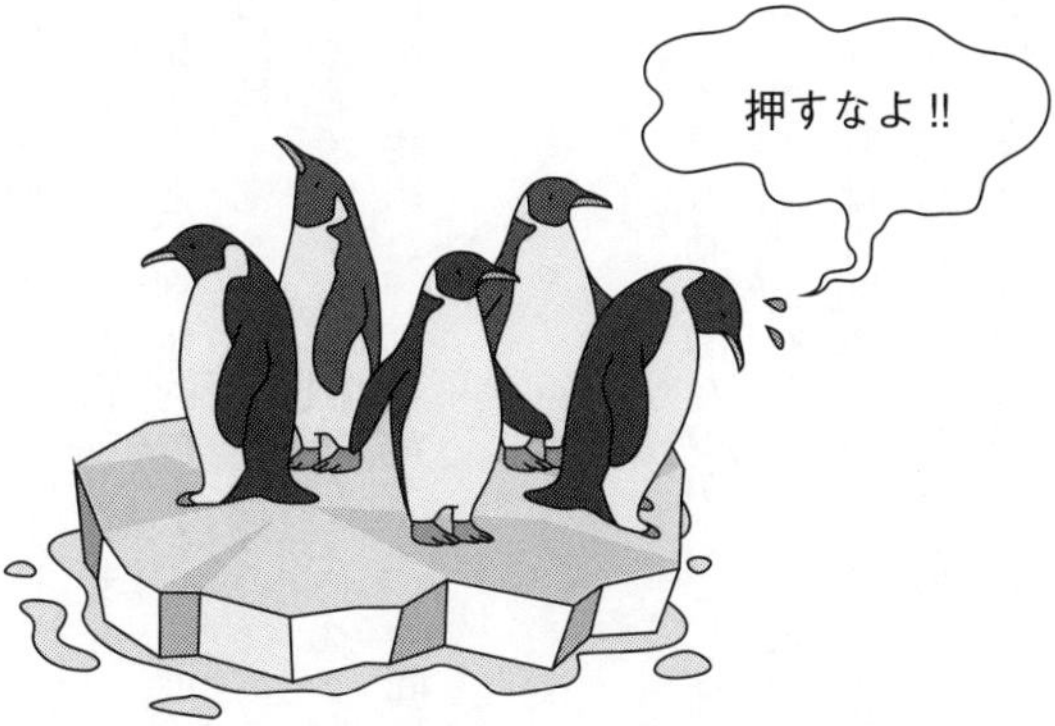

〈利己的行動〉

図0-1　「ファーストペンギン」本当はどっち？

うかを判断してから、海に飛びこみ魚をとります。ただ、最初に飛びこむペンギン（ファーストペンギンと呼ばれる）はアザラシが隠れていたら餌食となってしまいます。それで皆、最初に飛びこむことを躊躇しますが、飛びこまないことには獲物がとれません。そのような状態で最初に飛びこむファーストペンギンは一見すると、利他的行動をしているように見えますが、実際は利己的行動の結果、起こった可能性もあります。というのは、このとき仲間を押してわざと水中に落とし、アザラシがいるかどうかを探る個体がいるようなのです。利他的行動、利己的行動といっても、それは外部から眺めた評価であって、実際は明確に区別するのは難しいということです。

利他性はどうして生じたか？

生物はそもそも、生まれつき利己的なのか、それとも利他的なのか。これは難しい問題です。まず最初に利他的行動についてみてみましょう。利他的行動のなかで最たるものは母親の子供に対する愛情でしょう。この感情に基づく行動は人間に限らず多くの生物で見られ、親が子供を命懸けで保護する行動を取ることがよく知られています。酔っぱらった人の「千鳥足」という歩き方の比喩で知られるチドリという鳥は、捕食者が近づいてくると地上の巣のなかにいる子供を守るために一見奇妙な行動を取ります。どういう行動かというと、親は敵が来ると巣から離れ、わざと傷ついたふりをするのです。この行動は捕食者の注意を我が身に振り向かせ、子供のいる巣に捕食者の眼がいかないようにすることが目的です。そして、捕食者が巣から離れて間近に迫ってくると、とっさに羽ばたいて逃げるのです。

さらに極端な例ですが、カバキコマチグモというクモは母親が自分の内臓や体を食料として子供に食べさせてしまうことがあります。これらの行為は遺伝子にプログラムされている利他的行動といえます。こうした血縁者間の利他的行動については生物の本質にも関わっています。というのは、進化のなかで生き残ったものは、子孫を後代に残すことができたものだからです。そして子孫を作れなかったものは絶滅してしまいました。魚類のように大量の卵を放出したり、哺乳類のように子供を大事に保護して育てたり、それぞれの戦略は異なりますが、ともかく子孫が繁栄した種が現在まで生き延びてきたのです。

母親だけでなく、群れのなかの血縁関係にある大人が協力し合って子供を守る行為は、多くの生物で見られます。以前、旅行でアフリカのザンベジ川を訪れたときにファミリーと思われる象の集団を見たことがあります。その集団では大人の象が仔象を中心にして川を渡っていました。集団で子供たちを守っていたのです。象に限らず、グループで生活する哺乳類には子供を守る行動がよく見られます。

血縁者間の利他的行動はどうして起こるのでしょうか。これについてはリチャード・ドーキンスの理論が有名です。ドーキンスによると、進化に重要なのは遺伝子であり、遺伝子を保持する個体自身は「遺伝子の乗り物」なのです。そして遺伝子が意図しているのは自らが増殖することで、個体自身は単なる遺伝子を乗せる道具にすぎないといいます。この考えによると、自分に近い子供や兄弟は自身の遺伝子と共通するものが多く、その共通部分の割合が高いほど自分に近いコピーなので自分自身と同じように大切にします。兄弟は二分の一、甥や姪は四分の一というように遺伝子の類似性は薄れていきますが、遺伝子の類似性（いわゆる血のつながりの濃さ）が高いほど大切にする傾向が見られます。『利己的な遺伝子（The selfish gene）』というタイトルで発表されたドーキンスの著書は、血縁関係が近い集団の行為を生物学的に説明するものとして大きな反響を引き起こしました。このような血縁選択による相互扶助は多くの動物で見られる行為です。

しかし、利他的行動は血縁関係だけで説明されるものではありません。イルカや犬は人間を助ける行為をすることが時々報道されますが、イルカや犬は人間とはもちろん血縁関係がありません。では、この行動は社会性のある利他的な動機を反映した行為でしょうか？　残念ながら、そうともいえません。例として、イルカが溺れているヒトを助ける行動を考えてみましょう。イルカの子供や弱ったイルカは溺れることがあります。それを、イルカは日常的に浮かび上がらせるような行動をとります。イルカには海面近くで溺れている細長い物体を持ち上げる習性があり、これを溺れたヒトに応用していることになります。つまり、助けようと考えて行動したのではなく、遺伝子に組み込まれた行動になります。イルカの行動としては利他的行動といえそうですが、「遺伝子による行動進化」というワンクッションがはいります。

別の事例をあげましょう。サンゴ礁に住むアカスジモエビやホンソメワケベラは、アジやハタの魚の身体についた寄生虫を食べます。アジやハタにとっては、これは利他的行動でありがたいことですが、当のアカスジモエビやホンソメワケベラは、単に食料を得るための利己的行動を行っているだけといえます。

子育ては利他的行動の原点

それでは前述したような利他的行動はどのようにして生じたのでしょうか。全てに共通した解答はないかもしれませんが、哺乳類では子孫を残す行動、特に子育てに重要なものとして、利他的行動が生まれた可能性があります。愛らしい赤ちゃんの笑顔はいつまで見ていても飽きません。赤ちゃんの笑顔や動作は母親に大きな影響を与えます。幸福感をもたらすだけでなく、体内のホルモンバランスにも影響を与えます。たとえば赤ちゃんに授乳するときに母親の体内ではオキシトシンが分泌されます。

オキシトシンは、一九〇六年に発見されたホルモンです。当初は、分娩時の子宮収縮や乳汁分泌に作用するホルモンとして知られていました。その分子構造を調べると、生体の恒常性を保つための浸透圧を制御するバソプレッシンというホルモンとよく似ていました。このバソプレッシンがオキシトシンに進化し、動物の産卵行動を引き起こす生理作用を持つように至ったようです。

オキシトシンは、授乳を誘起するだけでなく、相手との信頼関係を築き共感を引き起こすホルモンとしても知られています。俗に「幸せホルモン」として呼ばれるゆえんです。共感は相手の立場を理解し、喜怒哀楽といった感情を共有することです。傷ついた人や災害の際の困っている人を見て、自分が同じ立場だったら、どんなに苦しくて悲しいであろうと察して同じ心情になることです。

共感に基づく行動は哺乳類以外の動物でも見られます。渡り鳥のような鳥類は行動を一つにして飛翔したりしますが、それには共感が伴うようです。ひな鳥の「刷り込み行動」の仕組みを解明した動物行動学者コンラート・ローレンツは、ガンが群れをなして移動する際、湖に共に舞い降りたり、鳴き声を互いに聞いたりすることで気分を共有すると述べています。人間が集団で歌を歌ったり踊ったりすることで気分を共有して盛り上げるのと似ていますね。人間と同じように、言葉（鳴き声）で感情を共有しているのかもしれません。

ちなみに、ローレンツは著書『ソロモンの指輪』のなかで、旧約聖書に登場するソロモン王は大天使ミカエルに授けられた指輪をはめると動物と話ができるようになったという話を紹介しています。そして、ローレンツ自身はこの指輪がなくても動物と話ができると述べています。実際に、彼はハイイロガンの鳴き声を聞いてそれが意味する内容を見事に言い当てることができたといいます。その背景には、鳥の鳴き声がどういう意味を持っているかを調べるための地道な観察の積み重ねがあったといいます。渡り鳥の共感の例も、おそらく、そうした調査から直観したものなのでしょう。

哺乳類の例も紹介しましょう。アメリカやカナダの草原にはプレーリーハタネズミという小動物がいます。この動物は一夫一妻制で、家族の絆が強固であることで知られています。しかも、人間と同様に共感を伴う行動を示します。たとえば、捕食者に襲われる危険を感じたとき、動揺して不安に陥った仲間に対し、慰めてストレスや苦悩を取り除く行動を取ります。具体的には、毛づくろい（グルーミング）をしてあげたり、眉毛を吊り上げるなど不安と恐怖を感じる表情をした仲間に対して同様の表情をしたりして共感を示すのです。これらをみると、人間に限らず動物のあいだでも、互いのコミュニケーションのために共感がいかに大切にされているかが分かります。

共感を引き起こすオキシトシン

プレーリーハタネズミのこのような共感を引き起こすものは何でしょうか。調べてみると、やはり脳の前帯状皮質にあるオキシトシンでした。オキシトシンは、ヒトだけでなく、動物にも共感を起こす効果があったのです。また、オキシトシンの効果を妨げる薬品を投与すると、プレーリーハタネズミは一夫一妻制ではなくなり、共感を示す行動もなくなることが明らかになりました。このことはオキシトシンがいかに利他的行動にとって重要であるかが分かります。

それでは、対象が自らの子供でない場合はどうでしょうか。養子を実子と分け隔てなく大切に育てるヒトの実例は数多く知られています。養子に限らず、ペットを我が子のように大事に飼う人もいます。このことは、共感を伴う利他的行動が進化のなかで大きく変化していったことを示しています。

ペットに関していうと、すでに一万二〇〇〇年前にヒトは犬と共同生活をしていたという証拠がイスラエルのアイン・マラッハの遺跡で見つかっています。その遺跡には、犬を抱きかかえた老婆の化石がありました。その他の証拠などからヒトと犬はもっと以前、約三万年前から共に生活していたと推察されています。はるか昔から、犬は人間社会の構成員として扱われてきたのです。そのようななかで、犬はヒトの心を察することができるように進化しました。セラピー犬はその良い例です。泣いているヒトに寄り添う行動をしたりもします。最近の研究では、愛犬と見つめ合ったヒトのなかでオキシトシンが増加することが明らかになっています。

異種の動物どうしでも利他的行動は見られます。アメリカのネット動画で、農場で飼われているニワトリがオオワシに狙われた動画を見たことがあります。放し飼いのニワトリが餌を探してうろついていると、いきなりオオワシが急降下して飛び掛かってきたのです。しばらくのあいだ、ニワトリは羽根を散らしながら必死に抵抗していましたが、さすがに疲れてオオワシの餌食にされそうになったそのとき、農場で飼われていたヤギが猛ダッシュでオオワシに向かっていったのです。驚いたオオワシはニワトリを放し逃げていきました。

このように、異種間の動物のあいだでも、利他的行動と思しき助け合う行為があります。血縁関係がなくとも、農場で一緒に飼われているあいだに、いつしか仲間意識が生じたのでしょうか。動物でも、仲間と認めたものに対しては家族同様に大切にするといわれます。犬猿の仲といわれる犬と猫でも、小さいころから一緒に飼われると仲良く遊びますね。利他性の獲得にも共生と同様に様々なケースや段階があるようです。

利他性に関わるオキシトシンは、授乳だけでなく、子供やほかの動物の世話をすることによっても分泌されます。「育てる行為」は面倒を見る側にも幸福感をもたらすのです。さらに、見ず知らずの相手に対する親切行為でもオキシトシンが分泌されることが分かってきました。親切行為によってオキシトシンが分泌され、ストレスや鬱・不安を克服することができるといいます。間接的な親切行為である寄付行為にも同様な効果があるようです。

親切行為は伝染する

親切な行為は、それを見たり、されたりすることによって他の人にも伝染します。親切をしたり、されたりすることは気持ちのよいことだからです。言い換えると、親切な行為は共感を呼び、共感によって良い人間関係が築かれるので、仲間意識が高まり強い絆が生じます。そうすると社会が強くなります。オキシトシンのほかにも、「快感ホルモン」として知られるドーパミンもまた、利他性に寄与しているという話もあります。

人類の進化を見ると、ネアンデルタール人は勇敢であったにもかかわらず、我々の祖先であるホモ・サピエンスに進化の途上で負けてしまい、最後には絶滅してしまったとされています。現人類は個々ではネアンデルタール人よりも強くはなかったようですが、仲間意識が強く、団結して狩りをしたり、子育てをしていたようです。その結果、より多数の構成メンバーを持つ集団を作ることができ、最終的に生存競争に勝ってきました。種の保存という観点において、利他的行為には大きな意味があるのです。

なわばりと攻撃性

それでは次に、利己的行動について見てみましょう。ヒトに限らず、同じ動物が利己的な行動を取ったり、利他的な行動を取ったりすることがありますが、その違いはどこから生じるのでしょうか。生物学の見地からすると、その根幹は端的にいって「仲間か仲間でないか」です。仲間かそうでないかは、生物にとって重要な問題です。仲間は自己の遺伝子を将来にわたって保ち、増やし続けるのに必要である場合が多いのですが、仲間でないものはそのイベントに関与しません。それどころか、仲間でない他者が自己に対して不利益な行動をしてくるときは敵になります。ヒトを含む動物は攻撃性や暴力性を持っています。攻撃性は「なわばり」と深い関係があります。厳しい生存競争のなかで自分たちの生活圏を確保することは非常に大切です。そこで、生活圏を守るために様々ななわばり行動が生まれました。犬や猫が排尿によってマーキングするのもその一例です。多くの動物は自己のなわばりのなかに侵入してくるものがいると排撃する行動をします。

ハダカデバネズミは、彼らの「共同トイレ」で体に匂いづけをしています。なぜかというと、そうした行為は仲間であるマーカーとして匂いを使っているからです。そうすれば、別の集団に属するハダカデバネズミが入ってきたら匂いが違うのですぐ分かります。彼らは侵入者だと分かると集団で殺してしまいます。同種でも血縁関係が異なるグループに対しては、このような利己的行動を取ります。

アリ社会の共同体意識

アリの社会では、仲間であるか、そうでないかは体表面にあるワックス層の炭化水素の組成（非揮発性フェロモン）によって判断されています。この炭化水素化合物は非揮発性で、アリは触角や足の裏にある感覚器で相手の表面を触って成分比率を認識します。そうやって同じ組成をしている個体かどうかを見分けているのです。同じ組成を持つ個体は仲間と認識して自分たちの巣に受け入れます。しかし、異なる組成を持つ個体に対しては攻撃して、巣には侵入させません。異種のアリはもちろんのこと、同じ種であっても巣が違えば組成が異なるので攻撃します。

これを逆手にとって利用するものもいます。サムライアリは他種のアリを捕まえて奴隷にする習性を持っています。サムライアリの女王アリはクロヤマアリの巣に単身乗り込んでクロヤマアリの女王を殺し、そのあとクロヤマアリの女王アリの体表面にあるワックス成分を自分の身体に擦りつけます。そうすると、残ったクロヤマアリのワーカー（働きアリ）は侵入したサムライアリの女王アリを自分たちの女王だと錯覚してしまうのです。このようにしてクロヤマアリを欺いたサムライアリの女王は、クロヤマアリの社会をまんまと乗っ取り、支配してしまいます。

騙されたクロヤマアリのワーカーは、サムライアリの女王アリが産んだ卵から産まれた幼虫を自分たちの分身（分身といっても働きアリは全て雌なので妹に相当）と思い、かいがいしく育てるようになります。サムライアリの分身はこうして大量に増えていきます。しかし、クロヤマアリはどうでしょうか。実際にはクロヤマアリの女王はもういないのです。こうした状況では自分たちの卵は産まれず数を増やすことはできません。そのため成虫が死ぬとクロヤマアリの数は徐々に減っていってしまいます。クロヤマアリの数がある程度以上減ってしまうと、しまいにはサムライアリの世話をするクロヤマアリの数が足りなくなってしまいます。

するとサムライアリはさらなる暴挙に打って出ます。なんと他のクロヤマアリの巣を集団で襲い、蛹《さなぎ》をさらってしまうのです。略奪されたクロヤマアリの蛹は成虫になると奴隷アリとなり、サムライアリの餌を運んだり幼虫の世話をしたり、奴隷として働くようになります。そもそもサムライアリは口の構造から、目の前の食べ物を自分で食べることができません。サムライアリが生きるためには、別種の動物の世話を受けて食べさせてもらう必要があるのです。サムライアリの野蛮に見える行為は、自身とその子孫が生き続けるために必要不可欠な行為なのです。

ヒトにも残る利己的行為の名残

サムライアリの社会は野蛮と思われるかもしれません。しかし、文明を持っていたヒトの社会でも同様なことが行われてきました。ヒトの場合、仲間か仲間でないかはアリと同様、共同体に属しているか、そうでないかによって決まります。ヒトの社会でも古くから奴隷は存在し、戦いに負けて奴隷になったものや経済的要因で売られた奴隷は牛・馬と同じように扱われてきました。奴隷は共同体に属していない「ヒト」という動物だからです。たとえば、ローマ時代には奴隷である剣闘士が決闘する様子を、闘牛を見るがごとくローマ市民は娯楽として楽しんでいました。また、ポンペイの遺跡には、多くの女性奴隷が性的搾取をされた様子が残っています。

近代においても、産業革命後の西欧列強の植民地政策による大規模なプランテーションでは、多数のアフリカ人が奴隷としてアジアやアメリカ新大陸に連れてこられて過酷な労働に従事させられました。宗教的な対立を原因としたイスラム国家による白人奴隷、あるいは逆のケースなど、ほとんどの民族や宗教間の戦いのなかで奴隷が発生していたのです。これらはいずれも仲間と認識しないものに対しては冷酷に搾取するという行為で、サムライアリと

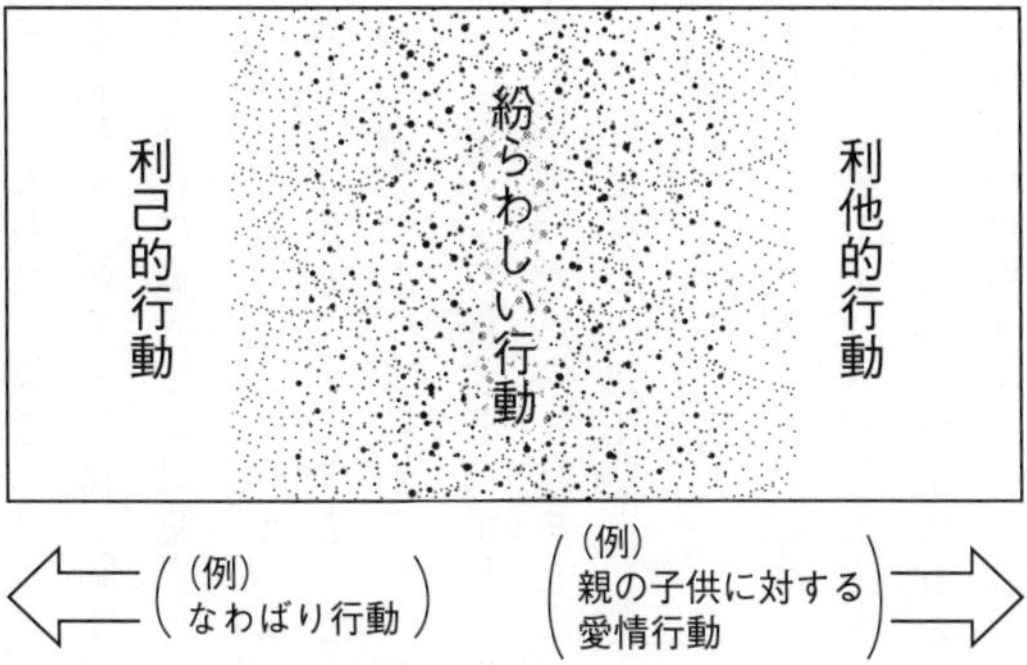

図0-2　利他的行動と利己的行動は明確に区別できない

大差ありません。それでも、人間社会では技術的発展によって飢えが少なくなり、文化が発達したことによって倫理観が生まれ、徐々に奴隷制は廃止されました。現代では、古代ローマや中世にくらべて利他的行動へのコンセンサスが広がっているのは事実でしょう。

このようにヒトや動物は利他的行動をし、一方では利己的行動をする存在です。人間の行動や社会は複雑で様々な要因が影響しますが、時折、我々の行動の底辺にはそのような進化の名残を感じざるをえないように思われます。

「共生」は利他的行動か？

今までは生物の個体間や集団間における利己的行動や利他的行動について見てきました。よりミクロな視点でいえば、利他的行動に見えるものとして、お互いに手を組み共に生きるメカニズム、すなわち「共生」があります。たとえば花や昆虫の関係のように、お互いにメリットがある事例です。このような例は、動植物を問わず、多くの生物の個体間や集団間で見られます。では細胞レベルではどうでしょうか？　進化の過程では細胞どうしがお互いにメリットを求めて共生したり収奪したりすることを繰り返してきました。太古の海における厳しい環境のなかで生き残るために、お互いに付着して不足している栄養分を互いに補ったりすることがあったようです。これは利他性を伴った事象のように見えます。また、ある時期に片方の細胞が、もう一方の細胞を取り込んだり、あるいは捕食して消化していたものが細胞内で生き残り、図らずも「共生」したりすることがあったかもしれません。つまり捕食消化から細胞内共生へと移行した可能性もあります。ちなみに細胞外で共生することを「細胞外共生」といい、細胞内で共生することを「細胞内共生」といいます。

「細胞内共生」が起こった結果として「真核細胞」が生まれ、その後、生物は大きな発展を遂げます。そして、独立して生きてきた個々の細胞から多細胞の個体へと進化し、現在見られるような大きな動植物が現れるようになったのです。こうしてみると、「共生」はお互いを助け合う利他的行動として始まったようにも見えます。しかし、果たして本当にそうでしょうか？　本書では、個体や細胞レベルを問わず様々な「共生」の事例を紹介し、それが利

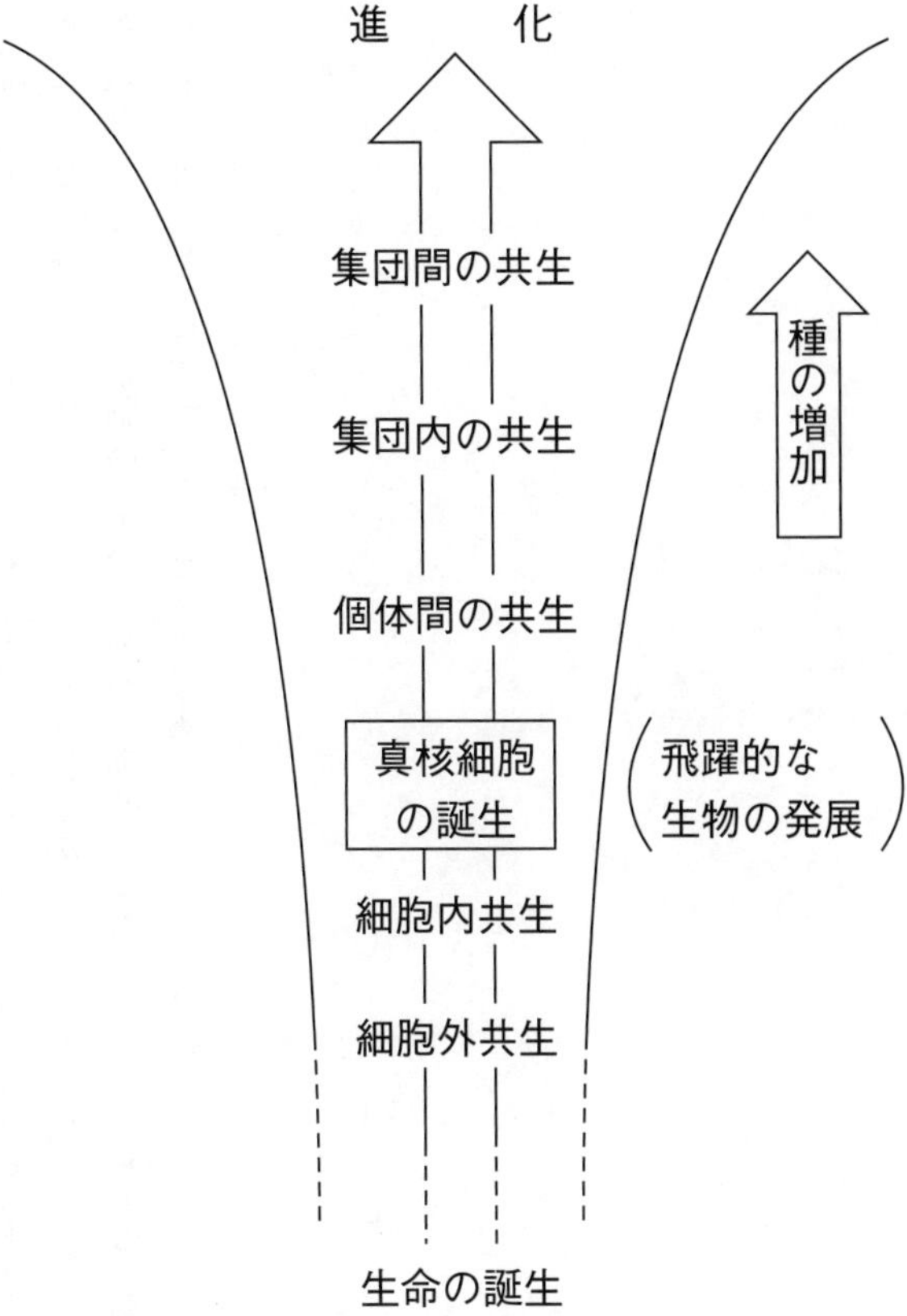

図0-3　進化に伴う「共生」の形態の変遷

他性を伴ったものかどうかについても検討してみたいと思います。まずは「共生」に至る前、生命の誕生にさかのぼって、生命にはどのような特徴があるかを確認してみましょう。次に真核細胞の形成を起こした細胞内共生、それから動植物における個々の共生の事例を見ていき、生物の利他性、利己性についての探求を深めていければと思います。

第一章
生命の特徴とは？

「生きている」ってどんなこと

生物の利他性や利己性、共生のあり方について考える前に、そもそも「生物とは何か？」という問いを考えてみることにしましょう。文字通りに解釈すれば「生きているもの」ですが、定義をするとなると、これは非常に難しい。そもそもどういうのが「生きている」状態で、どうなったら「死んでいる」のかという定義さえ、実は定まっていません。臓器移植などで欧米と日本では死の定義が異なり、欧米では脳死、日本では心臓死が条件とされています。

カマキリが交尾しているときに雌が雄の頭部を食べてしまう話は有名ですが（実際には稀な出来事です）、その場合でも体は動いていて交尾を続け、精子が雌の体内に入っていきます。この場合、雄の身体は生きているのでしょうか、死んでいるのでしょうか。個体は死んでいますが組織は生きているということでしょうか。それでは個体と組織は、どこで線引きするのでしょうか。脳死か、心臓死か？　堂々巡りです。このように生命をどのように定義するかは難しいのです。

日本料理に出てくる魚やイカの活き造りなどもそうです。目の前に提供される皿の上で、魚の切り身やヒレがピクピク動いています。このとき、組織が動いている間は物質やエネルギーが体のなかで変化しています。この一連の流れを「代謝」といいます。代謝が行われることは生命の定義の一つです。活き造りを出されると、人は「まだ、生きてる」とよく言いますが、これは実感として感じることだからでしょう。ただ、この場合の魚の組織は生きている状態かもしれませんが、個体としてはすでに死に向かっている段階です。

もう一つ、生命体の特徴として、生命体は外界と区別されていなければなりません。空に漂う雲や海辺に打ち寄せる波も動いており、エネルギーが絶えず変化していますが、「生きている」とはいわず、「物理的な現象」といわれます。対して、生命体は自然の造形物とは違って、区画された物体として認識できます。細菌でも人間でも、生物は皆、外界から区切られた存在です。海のなかで高分子状のものが漂っていてエネルギー反応をしていても、独立した存在でなければ生命体とはいいません。

「囲む」ことには意味があり、大きなメリットがあります。オニヒトデやアメーバのなかには体外に消化液を出して食物を消化し、栄養を吸収するものがあります。しかし、消化液が薄まるので、あまり効果的ではありません。胃腸という消化系器官のなかで消化液を出して消化するほうが、よほど無駄がないのです。

受精においてもそうです。魚類などは雌が卵を海のなかに放出し、同じく雄が放出した精子によって受精します。いわゆる体外受精です。これは非常に無駄が多い受精の形です。小さい幼魚の段階で大きな魚に食べられてしまい、親と同じ大きさまで育つものは非常に少ないからです。エビやカニの甲殻類も卵から様々な形に変形して大きくなり、最後に親と同じ形になりますが、そのあいだに幼生は動物プランクトンとして魚などの餌となってしまいます。生態的には意味がありますが、各個体にとっては大きなロスを伴った仕組みです。

これにくらべて、哺乳類は体内に生殖器官を持っていて体内受精します。子供もある程度大きくなってから出産します。その間、子供が食べられてしまう心配はなくロスは少ないといえます。外界から区切られたり囲まれたりすることは、大きなメリットがあるのです。

以上は個体レベルの話ですが、細胞レベルの場合でも同様です。細胞のなかの様々な代謝活動をする高分子が海のなかに漂っていたのでは代謝を行うことはできません。遺伝情報を持ったDNAやRNA、代謝反応を担うタンパク質や酵素などがバラバラに散らばっていたら、生命活動は行えないのです。ですから、細胞は脂質とタンパク質から成る細胞膜で区切られています。

昨日の私は今の私とは違う

生物の体は目に見えない細菌から大きな象の体まで、全て細胞を基本として成り立っています。そして細胞は周囲の外界とのあいだで絶えず物質交換をしており、代謝活動を行っています。ただ、同じ形状をしていても、その構成成分は絶えず入れ替わっています。

個体レベルでも同様です。私たちの身体のなかを流れる赤血球は約四ヶ月で新しい血球に入れ替わります。個体を形作る他の組織や成分も同様で、数ヶ月もすると、ほとんど全てが新しいものに入れ替わり、成分的には別人になります。それでもAさんはAさんであり、BさんはBさんとして認識できます。変身の術よろしく、今月はAさん、来月はBさんと月がわりに変身できれば面白いのですが、残念ながら、そういうことはできません。

「代謝を伴って同じ形状を保つこと」は生命の大きな特徴です。こうした生命を、物理学者は熱力学的な言葉で言い表しました。すなわち、生命は放っておくと無秩序に向かうこと（エントロピーの増大）を局所的に逆転させて、無秩序（カオス）から秩序を作り出すことと定義したのです。そのために必要なのは「情報」と「エネルギー」です。すなわち、Aさんが Aさんであるという情報が必要です。情報のもとは遺伝情報ですが、ここで、重要なのは「遺伝情報は変わらない」ということです。遺伝情報が記されているDNAやRNAについ

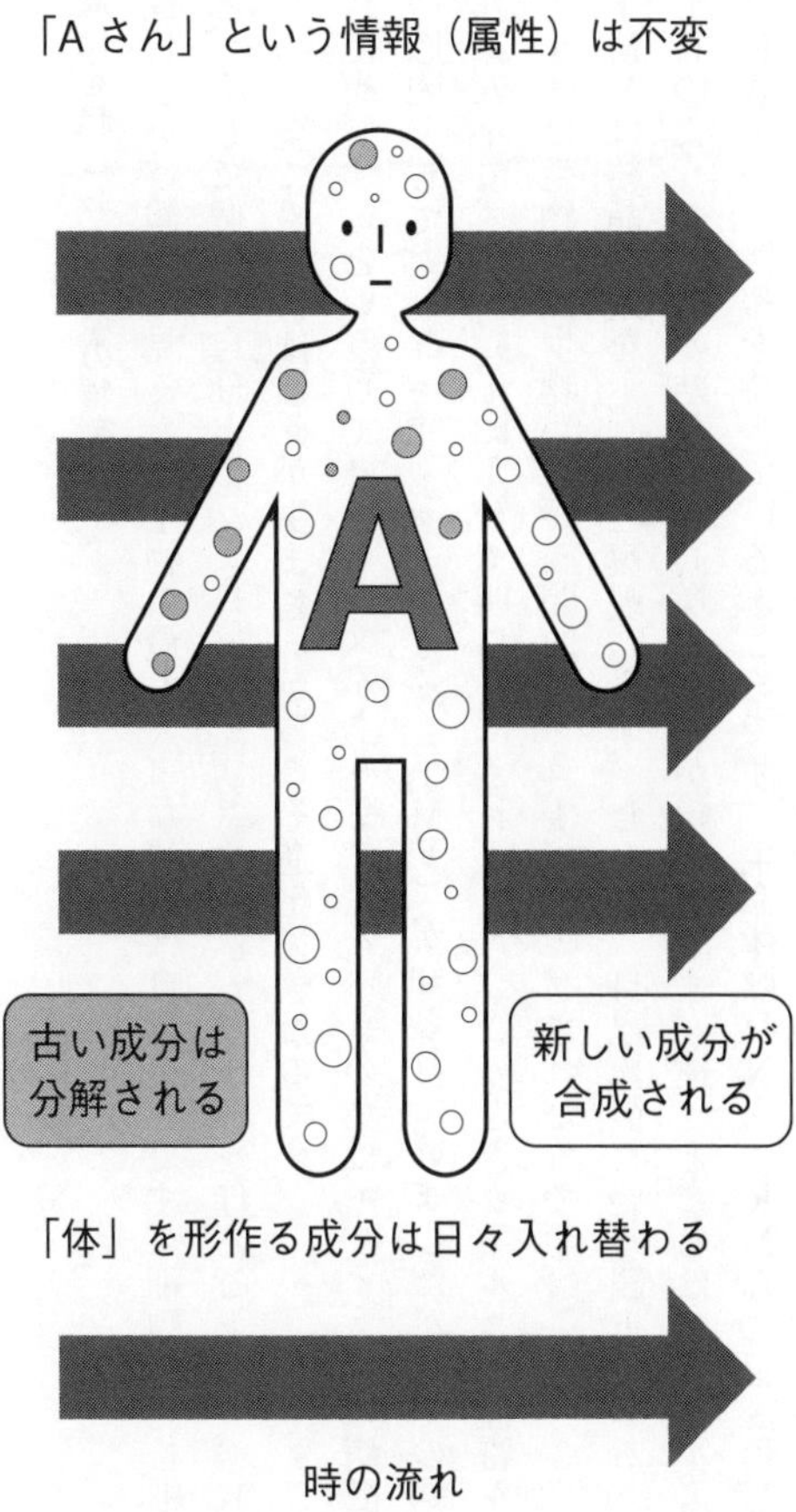
「A さん」という情報（属性）は不変
A
古い成分は
分解される
新しい成分が
合成される
「体」を形作る成分は日々入れ替わる
時の流れ

図1-1　体の構成成分は変われど、個人の属性は変わらない

ても、その成分自体は入れ替わりがあります。しかし情報そのものは突然変異がない限り変化しません。だから、部品自体を交換しても個体自身の性質は変わらないのです。

進化を起こした生命の特徴は？

進化という観点で見ると、生物の最も大事な特徴は自己複製です。細胞が同じ細胞を作ること、そして個体が自分と似た（自分の情報を受け継いだ）子孫を作ることです。我々人間をはじめ、全ての生物は子孫が生まれるからこそ進化できたのです。

自己複製するという点ではウイルスがあります。タバコの葉にモザイク状の病徴を示す病気の原因としてタバコモザイクウイルス（TMV）が知られていましたが、その結晶構造は一九三五年にスタンレーによって明らかにされました。このときウイルスの性質をめぐって、ウイルスは生物か無生物かという問題がクローズアップされたのです。

TMVは結晶構造を示し自己複製します。しかし、自己複製という観点でみると、水晶や方解石のように鉱物の結晶でも同様のことが起こります。違うところは、ウイルスがDNAやRNAという情報を持っているところです。生命体はDNAやRNAに記された情報をもとに自己複製するところが鉱物の結晶とは決定的に異なります。TMVはRNAを持っていたので、ウイルスは最小の生物ではないかと話題になったわけです。しかし、ウイルスは自分自身では代謝を行えないので、一般的には生命体とは呼ばれていません。

この生命の情報を司るＤＮＡやＲＮＡはどこから生じたのでしょうか。宇宙線の作用で生成されたものが地上に降りてきたとか、深海のなかで偶然に生まれたとか、はたまた、遠い星にいる生命体の一部が隕石に付着して飛来したとか色々な説があります。ただ、誰も太古の出来事を見たわけではないので、正確なところは分かりません。最も信じられているのは、ウォルター・ギルバートが提唱した「ＲＮＡワールド仮説」です。

今でこそ、遺伝子というとＤＮＡがすぐ頭に浮かび、ＲＮＡはＤＮＡの遺伝情報を伝えるメッセンジャーのように思われていますが、このＲＮＡワールド仮説によると、実はＲＮＡのほうが生命発生時点では主役であったのです。ＲＮＡはＤＮＡよりも柔軟な構造をしており、変化に対して反応力が強いのが、その大きな理由です。しかも、遺伝情報を持っているだけでなく、酵素の性質（リボザイムという）も併せ持っています。この機能があると、ＲＮＡが分子内でからみあって別の部位と切り貼りするエディティング（「自己編集」の意味）を行うことができます。その結果、自分自身を改変して新しい遺伝情報を作ることが可能になります。その点では、ＲＮＡはＤＮＡよりも優れていて、当初は様々な形のＲＮＡ種が作られていったものと考えられています。

安定した遺伝情報を保存するためのＤＮＡ

試行錯誤の結果、一番増幅しやすい形態（分子構造）をしたＲＮＡが種々のＲＮＡによる分子間競争に打ち勝って増殖していき、最後には他のＲＮＡを圧倒して残ったと考えられています。このように生まれた「生命の元」ともいえるＲＮＡは、最初から自己増殖することを運命づけられた存在でした。しかし、ＲＮＡは非常に壊れやすいという欠点を持っています。近年の新型コロナウイルスによるパンデミックに際し、メッセンジャーＲＮＡ（ｍＲＮＡ）型の新型コロナワクチンが開発されましたが、マイナス八〇度で保存しなければならないのはそのせいです。

このように不安定なＲＮＡの欠点を克服するものとして、ＤＮＡが形成されるようになりました。ＲＮＡにくらべ、ＤＮＡはより強固な形態です。そして、ＤＮＡの登場により遺伝情報は格段に安定して保持されるようになったのです。実際、数十万年前の人や動物の骨、歯の化石にも残っているほどです。化石による進化の道筋をたどる研究では、これはとても重要なことでした。なぜかというと、これらの微量なＤＮＡを回収できさえすれば、その遺伝情報を読み取ることができるからです。その情報と形態的特徴を組み合わせることによって、より正確な進化の過程が次々と明らかにされていきました。

遺伝情報の連続性

遺伝情報というのは、個々の生命を形作る全体的な情報（設計図のようなもの）です。現在の情報社会の基盤になっているコンピューターの情報と比較してみましょう。コンピューターでは0と1の並びによって情報を処理しています。0と1は豆電球が消えている状態を0、点灯している状態を1とすることで情報処理を行ったのがはじまりです。この方法で情報を処理することによって、複雑な情報を記憶し、機械を動かすことができるようになったのです。

情報は、機械だけでなく、人間社会でも昔から重要です。人間の持つ高度な言語も情報処理技術です。言語が発達することによって、人類のコミュニケーションは飛躍的に発達してきました。このことで、他の動物を圧倒し優位に立てたことは明らかです。

現在でも、言語と機械的な情報処理の方法が組み合わさって、インターネットなど人間の社会を画期的に変革させたことはご存じの通りです。方法は異なりますが、生物体のなかでも遺伝情報を処理し細胞どうしがクロストーク（コミュニケーション）したり、情報を子孫に伝達することは非常に重要なことでした。

生物で情報を綴っているのは四種の塩基です。DNAではアデニン（A）、グアニン（G）、チミン（T）、シトシン（C）の四種の塩基に、糖とリン酸がくっついたヌクレオチドを順番につないで情報を保存しています。ただし、RNAではチミン（T）を用いず、ウラシル（U）を用いています。DNAではデオキシリボース（Deoxyribose）という糖を用い、RNAではリボース（Ribose）という糖を用いる点が異なっていて、DNAとRNAそれぞれの頭文字の由来になっています。この四種のなかから三種の塩基を選んで並べたものを「トリプレットコドン」（三つの文字から成る暗号）といい、一次情報として扱われています。

このコドンの情報は二十数種のアミノ酸と対応しているので、四種の塩基の並び方によって、どのようなタンパク質を作るかが決められます。そしてさらに重要なのは、アデニン（A）とチミン（T）（RNAの場合はウラシル〔U〕）、グアニン（G）とシトシン（C）の組み合わせが、必ずペアとなって、結合したり離れたりすることです。それによって、情報を保持したまま複製を行うことができるのです。遺伝の仕組みの原点はまさにそこにあります。

そして、その一つの塩基が突然変異によって他の塩基に変化すると、情報が変わります。トリプレットコドンの塩基が変わった場合には、コードしているアミノ酸も変わってしまいます。そうすると、タンパク質の立体構造の変化を引き起こし、そのタンパク質の役目（性質）さえも変えてしまうので、代謝や体の成分に重大な影響を及ぼします。トリプレットコドン以外の遺伝情報が変わることもあります。DNAの情報には、トリプレットコドンの情報以外にも、スイッチとなる機能や遺伝子の機能を高めたり低めたりする機能があります。

それらの部位に突然変異が起こると新しい機能が生まれたり、逆に機能が失われることが起こります。すると代謝に大きな変化を生じさせて、これが進化の大きな原因となっています。

遺伝子どうしのせめぎ合い

生物というのは、前述したように、自らの代謝機能を持ち遺伝情報を複製できてはじめて生物といえるのですが、なかには生物の機能を捨て去り、自己の遺伝子（DNAやRNA）を細胞のなかに入れて増やそうというものがいます。病原性のウイルスがそうです。これらは生物の機能を退化させて、いわば寄生する形を取ったものです。そして、このようなウイルスは侵入に成功すると、宿主である細胞の遺伝情報よりも自己の遺伝情報を優先的に読み取らせるようにさせます。いったん乗っ取りに成功すると、自己の外被タンパク質をものすごい勢いで増やし、それを使って子供のウイルスが作られ、ついには細胞から外に出て他の細胞にも感染するようになるのです。そうなると、細胞は次々とウイルスの餌食になってしまいます。そこで、宿主の細胞もウイルスのDNAやRNAだけを狙い撃ちにして分解する装置（ダイサー、AGOなど）を用意して対抗します。ウイルスがもたらす病には、動物だけでなく、人間も昔から悩まされてきました。特にCOVID－19のような、新しいウイルスで人類の側の対応ができていない場合は大変なことになります。

生物とウイルスとの闘いは、進化史における早い段階から始まっていました。一例をあげると、レトロウイルスというRNA型ウイルスとのせめぎ合いがあります。このウイルスは感染後に自己のRNAから相補的なDNAを作り、宿主のDNAのなかに入り込んでしまいます。

その証拠の一つとして、ヒトの染色体DNAのなかにある、レトロウイルスの「残骸」が挙げられます。ゲノム情報を調べてみると、過去に挿入されたウイルスの残骸ともいうべきDNA配列が、ヒトのゲノムDNAのなかに残されていることが明らかになっているのです。それもなんと、ゲノムの九パーセントにも及ぶ量です。ヒトゲノムのわずか一・五パーセントがタンパク質を作る遺伝情報ですが、それよりもはるかに多いことになります。ただ、この残骸のDNAからはもはやウイルスは形成されないので、人間に悪さをすることはありません。

進化では使えるものは何でも使う

残骸となったウイルスのDNA配列は、ヒトのゲノムのなかでは邪魔者のように思われます。ところが、進化の過程で、ヒトはこのウイルス残骸の情報を利用していたことが明らかになりました。胎盤を作るのに必要な遺伝子に、シンシチンとフェマトシンという遺伝子があります。これらの遺伝子は、実はウイルスのDNA由来のものだったのです。ヒトの祖先である哺乳類は、二億年前までは子供を卵で産んでいました。大型爬虫類が絶滅したあとに胎生になり、胎盤が形成されるようになったのですが、その際、ウイルス由来の遺伝子が利用されていたのです。

進化は、神が書いた設計図に基づいて進んでいるのではありません。その時々において、いかに他者より生存に優位な機能を持つかが勝負なのです。そして、競争に勝ち残ったものが増えていきます。その際、使えるものは何でも使います。胎生にするためにウイルス由来のDNA情報を使うのが有利であれば、それを使います。同時に、必要でないものはエネルギーを節約するため捨ててしまいます。

現在生存している両生類の指は四〜五本ですが、両生類の祖先の一種であるアカントステガという動物は指が八本もありました。生物は機能が充足しているのであれば、エネルギー節約のために余分なものを捨ててしまうのです。現代の工業的な生産を見ても、機能が同じであれば、より簡易に、より安価に生産されたものが消費者に購入されます。それと同じようなことだと思ってもらえばいいでしょう。

生命体はDNA、RNAのほかにタンパク質や酵素を持っています。DNA、RNAは情報であり、生命体の代謝を実際に行うのはタンパク質です。DNAがビルを建てる「設計

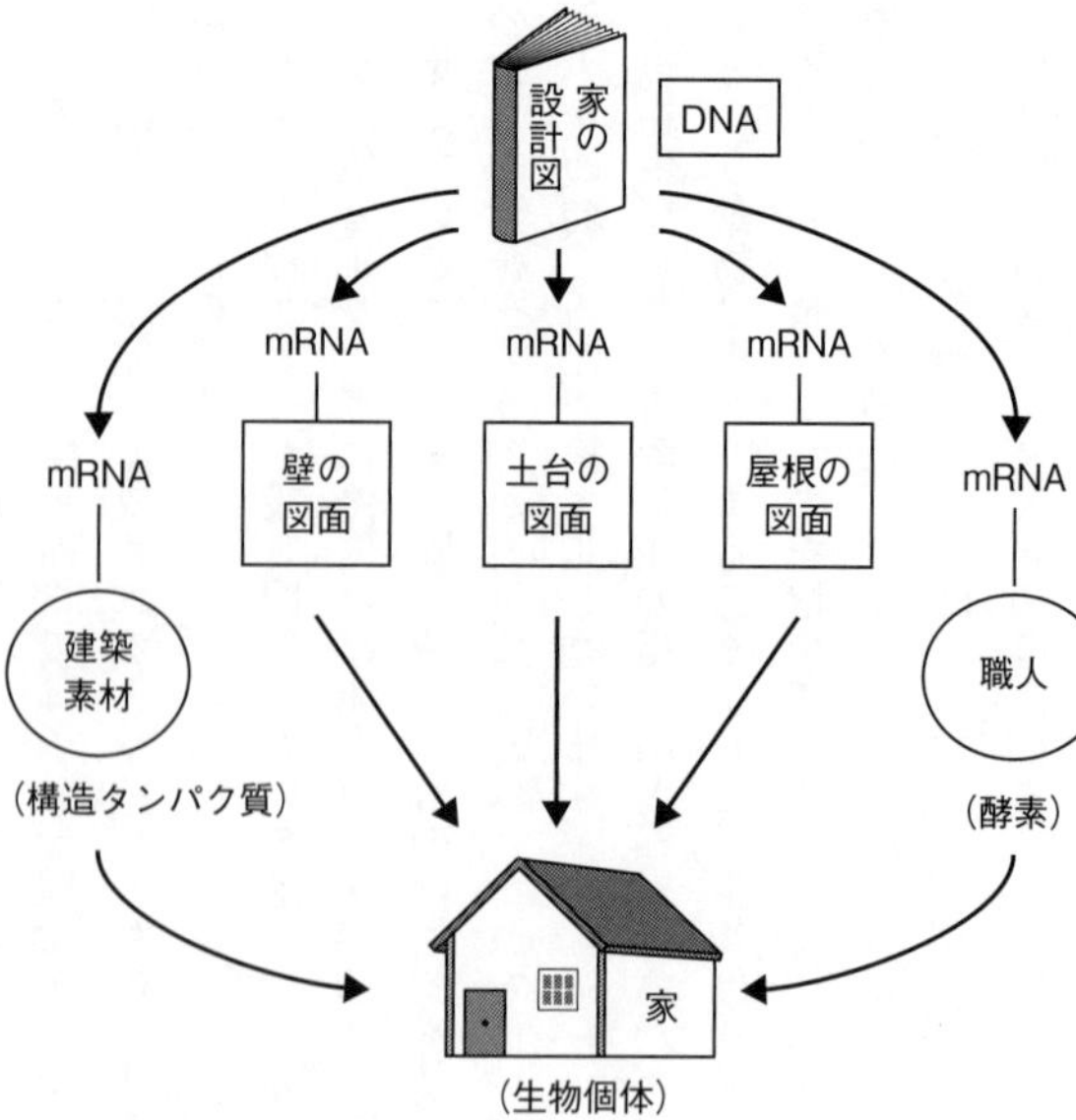

図1-2　遺伝情報の流れ

図」とすれば酵素タンパク質は実際に工事を行う「職人」なのです。また、コラーゲンのような構造タンパク質は「建築素材」といえます。ビルのような大きな建物を建てる場合、その設計図は膨大で、本にして何冊分にもなります。そこで、その設計図をいちいち現場に持っていくことは大変なので、mRNAがその一部をコピーして持っていくようにしたのです。建築現場で、今日は土台を作るので、その部分の設計図を持っていこうとか、明日は屋根を作るので、その設計図を持っていこう、というように、順番に経時的に現場に持っていくようなものです。これらを見ると、進化は無駄を省くように、実に合理的に進んできたといえます。

最初の生物とは何か

では、最初の生物は何だったのでしょうか。生命体を形作る仕組みができあがると、それを保護する構造として膜構造が発達し、原始的な細胞が形成されていきます。地球創成期の地球は二酸化炭素で覆われ、いたるところで火山噴火が起こり、硫化物を伴うマグマが噴出している環境でした。オゾン層がないため、宇宙線が地上まで到達し、海洋は高温の煮えたぎる海水で満たされていました。そのような過酷な環境下で、最初の生物は生まれたのです。

近年、色々な生物のゲノム解析が盛んに行われるようになっています。ドイツの研究グループは、六〇〇万以上の遺伝子を調べて、その近縁関係から進化的道のりを推理しました。彼らは、現在の生物は三つのグループ、すなわちアーキア（古細菌）、細菌（真正細菌）、真核生物に分類されているけれども、それらの共通祖先が存在したのでは、と考えたのです。最終共通祖先は、英語の頭文字を取って、LUCA（Last Universal Common Ancestor：ルカ）と名付けられました。

しかし、LUCAは現在の三つのグループの共通祖先かもしれませんが、最初の生命ではないという考えもあります。これは、生命が一回だけ生じて現在の生物につながったと考える人と、いや、そうではなく、生命は幾度となく生まれたけれども淘汰されて、たまたま残ったものが現在の生物につながったのだ、と考える人がいるからです。RNAの誕生にしても様々なRNA種が形成され、そのなかの一つが現在につながったのではないかと推論されており、同じような話です。そうすると、LUCAが生まれる前に最初の生命があったのではないかという話になります。

現在、地球の創成期に近いといわれる海底火山や火山帯のような高温の環境で、生存できる好熱細菌が見つけられています。好熱細菌は八〇度以上でも生きられます。このような極限の環境に住む生物にはアーキアが多いようです。また、海底火山や火山帯は多量の硫黄化合物を噴出します。この環境下で生きられるのは、メタン細菌や硫黄細菌、硝酸細菌などの嫌気性細菌だけです。こういった細菌は、今でも世界の火山や温泉地などで、その子孫が生存しています。しかし、これらの化学合成細菌はエネルギー変換効率が悪く、ほそぼそと生存しているだけで、その後の生物の大発展にはほとんど寄与していません。現在に至る生物の大発展を遂げる契機となったのは、そのあとに起こった宿主とミトコンドリア、葉緑体との共生によって新しく生まれた真核細胞なのです。次章で詳しく説明しましょう。

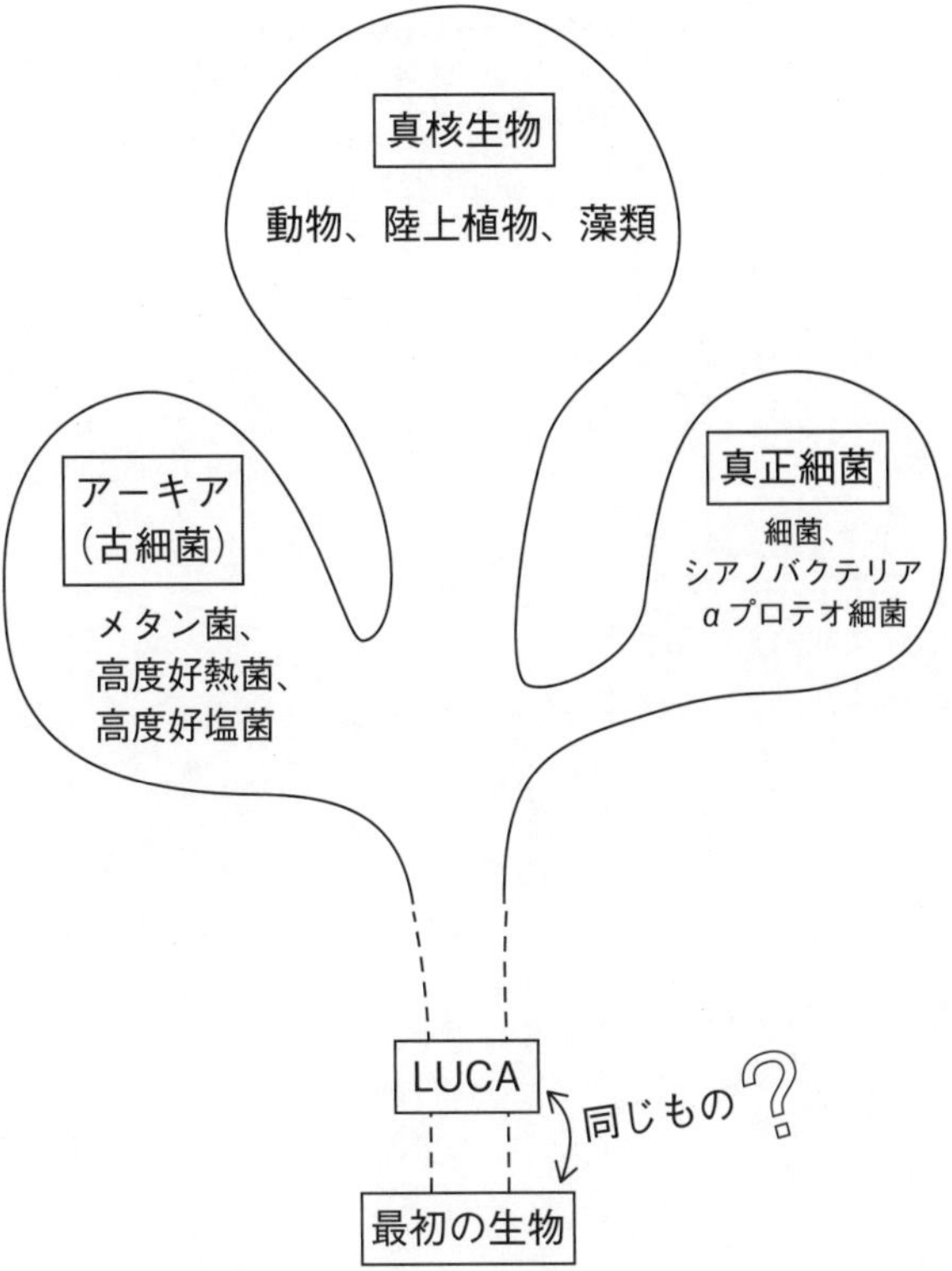

図1-3　生物の三つのグループ

第二章

ミトコンドリアと葉緑体を飼いならす

――細胞内共生説

エネルギー獲得方法がドラスティックに変わる

真核細胞は明確な核を持つ細胞です。すなわち、遺伝情報を収納する染色体が生体膜である核膜に包まれているのです。さらに、ミトコンドリア、ゴルジ体、小胞体などの細胞小器官を持っています。これらの細胞小器官以外に、植物の真核細胞は葉緑体も持っています。

真核細胞の登場以前、地球上で生命が発生して生じた最初の生物体は原核細胞といわれます。こちらは核を持っていません。すなわち、染色体を囲む核膜がないということです。原核細胞が現れたあとにその一部から真核細胞ができ、生物の進化を大きく変えていきます。しかし、真核細胞がすぐにできたわけではありません。真核細胞にいたるまでに様々な細菌が現れ、地球環境を徐々に変えていったのです。

最初に現れた生命体は、化学的な力で有機物を合成する化学合成細菌でした。化学合成細菌が地球上に増えるにつれて、彼らが作り出す有機物や自然界の化学反応で生じた有機物を利用する従属栄養細菌が現れてきます。従属栄養細菌は自ら有機化合物を作らない細菌のことで、その生育は周囲の有機化合物を利用しています。いっぽう、化学合成細菌や、あとから現れる光合成細菌は自分の力でエネルギーを産出して生きていけるので、独立栄養細菌と呼ばれています。

従属栄養細菌は、まだ酸素がほとんどない原始的な地球環境（嫌気的環境）で、わずかな有機物を分解して少量のエネルギーを獲得していました。いわば酸素を介さない発酵のような仕組みです。しかし有機物が無限にあるわけではありません。有機物は分解されるにつれてなくなっていくため、尽きてしまえばそれまでです。とはいえ、現在でも生物は生きていますから、それに代わる大きなエネルギー源が見つかったということになります。それは何だったのでしょうか？

答えは太陽光です。太陽光は太陽がなくならない限りありますから、無尽蔵のエネルギー源といえます。この太陽光のエネルギーを利用できるシステムを持つ生物が現れたのです。

私たちが普段見ている陸上植物には、緑の葉っぱがあります。この緑色はクロロフィルという色素によるもので、太陽の光に含まれる青色と赤色の光を吸収し、光合成装置による発電とそれに引き続く有機物合成を可能としています。ただ、陸上植物が現れるのはまだまだ後の話で、生命が発生した初期の時代のことではありません。この時代に光合成を行っていた生物は細菌です。

光合成細菌は、バクテリオクロロフィルという色素を持っており、この色素は高等植物型クロロフィルの原型のような分子構造をしていました。酸化還元力を利用して有機化合物を合成していた化学合成細菌がメジャーな生物であったころ、このバクテリオクロロフィルを持つ細菌（嫌気的光合成細菌）が現れはじめたのです。嫌気的光合成細菌は今でも見られる緑色光合成細菌の仲間です。この細菌は嫌気性で、光のエネルギーによって硫化水素を分解し、そこから生じる電流をエネルギー源として有機物を合成していました。この反応から生じる副産物（分解産物）は硫黄です。

二八億年前になると、シアノバクテリア（藍藻）が現れてきます。このシアノバクテリアこそ、その後の進化を決定づける画期的な能力を持った細菌でした。これまで光合成細菌の主流であった嫌気性（非酸素発生型）光合成細菌は、海底火山や火山帯の近くで生じた硫化水素を材料として局所的に光合成を行っていました。シアノバクテリアはそれとは全く違うシステムを持った細菌だったのです。シアノバクテリアは、硫化水素（H_2S）ではなく、水分子（H_2O）を分解してエネルギーを産みだす新しい機能を持っていました。式で表すと、以下のようになります。

（嫌気的光合成細菌）

H_2S　＋光エネルギー　→　S（硫黄）＋　$2H^+$　＋$2e^-$（電子）

（シアノバクテリア）

$2H_2O$　＋光エネルギー　→　O_2（酸素）＋　$4H^+$　＋$4e^-$（電子）

シアノバクテリアは光エネルギーの補光方式が異なる二種類の菌、緑色光合成細菌と紅色光合成細菌の有する光合成装置を直列に結合した装置を獲得したので、光エネルギーから高い電圧を生じることができ、水分子を電気分解できる生物でした。すなわち、水と光がありさえすればどこでも使えるシステムを身につけていたのです。これにより、シアノバクテリアはいたるところで大繁殖するようになります。

このシアノバクテリアが太陽光のエネルギーを利用して生物の大発展を可能にした生物であり、植物細胞のなかにある葉緑体の祖先です。

光合成と呼吸のシステムが現れる

シアノバクテリアが各地で大繁殖した結果、ストロマライトという層状の群体を形成するようになりました。その証拠として、当時の名残を示すストロマライトの化石がオーストラリアやカナダで見つかっています。ちなみにオーストラリアのシャーク湾には、今でも生きているストロマライトが存在しています。原始地球は二酸化炭素で覆われていましたが、シアノバクテリアが二酸化炭素と水を材料として光合成を行った結果、地球の環境は一変します。彼らの光合成の副産物である酸素が地球上を覆いはじめたのです。

嫌気性細菌にとって、酸素は猛毒です。今まで嫌気的な環境で生息していた嫌気性細菌は酸素が増えると次々と滅びていきました。そのような状況下で生き残った少数の紅色光合成細菌のなかから、光合成の機能を逆回転させるシステムを持つものが現れました。そのシステムが「呼吸」です。光エネルギーを用いた光合成を行うことによって糖類が得られますが、呼吸反応は、その糖類を酸素によって酸化し、分解することによって、化学エネルギーを得るシステムです。

生命はエネルギーの循環

「光エネルギー」や「化学エネルギー」という言葉が出てきたので、簡単に説明しましょう。たとえば、水力発電では高い所から低い所に落ちてくる水の「位置エネルギー」でタービン（水車）を回し、「電気エネルギー」に変換して動力を起こすことができます。これは元からあるエネルギーを違う形のエネルギーに変換することです。生物というのは、太陽光のエネルギーを変換して有機化合物の形にして保存します。いわば、水力発電で得たエネルギーを蓄電池に電気として蓄えるようなものです。これが光合成です。

その有機化合物を酸素によって酸化することで化学エネルギーを産み出し、生物体の機能（代謝）を維持しています。酸化とは物が燃焼することと同じで、酸素と結合して燃えたものは熱や光という形でエネルギーを放出し、燃えカスである炭や二酸化炭素になります。生物は蓄えた有機化合物を徐々に酸化して、その都度、必要なエネルギーを得ているのです。機械論的にいうと、太陽光のエネルギーが生物のなかでいったん保存され、それを利用して代謝を行うという仕組みで、エネルギーが循環しているわけです。生物は太陽のおかげで生きているといわれるゆえんです。

呼吸反応を獲得した好気性細菌は、自ら光合成を行わなくても、糖のような有機化合物を環境中から吸収することによって、エネルギーを得ることができるようになりました。この呼吸反応を行う細菌はαプロテオ細菌と呼ばれており、この細菌がミトコンドリアの祖先になったのです。

このころの地球では、様々な種類の細菌が現れ、互いに激しい生存競争を繰り広げていました。そのような時代に、後にミトコンドリアと葉緑体になる細菌がどのように現れたか、というのがここまでのお話です。そして真核細胞が生まれたのですが、その話をする前に、真核細胞誕生のきっかけとなった「細胞内共生」について説明しておきたいと思います。

細胞内共生説とは何か？

光学顕微鏡で見ると、ミトコンドリアが細菌のように活発にうごめいているのが見えます。しかし、ひと昔前は、ミトコンドリアと葉緑体が細菌由来のものと考える人はほとんどいませんでした。では、どのように考えられていたかというと、リソソーム（タンパク質分解酵素を含む細胞小器官）やゴルジ体（タンパク質を修飾し細胞外に分泌するための細胞小器官）のように、細胞内の膜系が変化して形成されたものと思われていました。ミトコンドリアの構造は膜が多いので、そのように考えられていたのでしょう。ミトコンドリアと細菌の形態が類似していることから、ミトコンドリアは細菌由来かもしれないと考える少数の研究者もいたことはいましたが、その当時は賛同する科学者がほとんどいなかったのです。

ですが、その後、ミトコンドリアと葉緑体に独自のＤＮＡがあることが明らかになると、流れは一変します。きっかけは、オシロイバナに見られるような母性遺伝（細胞質遺伝、非メンデル性遺伝とも）の原因となる遺伝子が、細胞質に存在すると判明したことでした。当初はその遺伝子（ＤＮＡ）がどこにあるかまでは分かりませんでしたが、当時実用化されてきた電子顕微鏡を用いて詳しく調べたところ、ミトコンドリア内に独自のDNAがあることが明らかにされます。さらにクラミドモナス（藻類の一種）の葉緑体にDNAがあることも分かりました。このことは、ミトコンドリアと葉緑体は独自のDNAを持ち、他の細胞内にある小器官とは全く異なるものだということを示しています。細胞内で二つとも半ば自律的に分裂することもふくめて、徐々にミトコンドリアと葉緑体は独立した小器官であるとみなされるようになっていきます。

こうして、ミトコンドリアと葉緑体は外界の細菌が細胞内に入り込んで共生したのではないかと考える人が次第に増えていきました。そうしたなか、一九七〇年にリン・マーグリスが共生説を支持する論文をまとめ、『真核生物の起源』という本にして、満を持して細胞内共生説を広めたのです。彼女の本にまとめられた細胞内共生説というのは、以下のような骨格で成り立っています。

①最初の生物体である原核生物が現れたころの地球（およそ三五億年前）の環境には、酸素がなかった。
②そのような環境下で、環境中の物質に含まれる化学エネルギー（還元力）を利用して有機化合物を蓄えるものが出てきた（化学合成）。さらに光エネルギーを補助的に利用できる

ものも出てきた（嫌気的光合成）。

③硫化水素を分解して嫌気的光合成を行う初期の光合成細菌のなかから、光エネルギーにより水を分解して有機化合物を合成する細菌（シアノバクテリア）が現れた。その結果、酸素が多量に産み出され、急速に大気中の酸素濃度が上昇した。

④同じころ、基質（酵素の作用で化学反応をする物質）を酸化してエネルギーを得る反応系（呼吸反応）を持つ生物が現れた（好気性細菌）。

⑤多量の酸素が大気中に出現したため、酸素を利用できない生物の内部に好気性細菌が取り込まれ、ミトコンドリアになった（細胞内共生）。

⑥真核細胞が誕生する。真核細胞に、運動能力のあるスピロヘータ様の細菌が取り込まれ、共生した結果、「鞭毛《べんもう》」が発生した。

⑦鞭毛を持つ生物にシアノバクテリアが取り込まれ、共生した結果、葉緑体となった（植物の起源）。

おおよそ以上のような考え方です。ただし、このなかで⑥のスピロヘータ様細菌による鞭毛起源説は現在では否定されていて、鞭毛は細胞内にある微小管という組織が束ねられて突起として形成されたと考えられていることも付け加えておきます。

細胞内共生説の衝撃

細胞内共生説は非常に斬新な説でした。しかし、この説は当時の進化を研究している科学者にはなかなか受け入れられず、マーグリスが学術誌に投稿するも、何回も掲載拒否されたといいます。

余談ですが、その当時、筆者は大学院に進んだばかりで色々なことに興味を持ち、自身の研究室だけでなく、他の研究室にも出入りしていました。時代的には大学紛争が終わり、ようやく皆が落ち着いて研究に取り組みはじめたころです。たまたま隣の遺伝学研究室のセミナーにお邪魔したところ、ちょうどマーグリスの関連論文が紹介されていました。演者は当時、博士課程に在籍していた黒岩常祥《つねよし》氏（現・東京大学名誉教授）でした。セミナーを聞いた全員が「そういうことも考えられるのか」と驚いていましたが、あくまで仮説の段階であり、にわかには信じがたいという雰囲気もありました。七〇年代にはまだまだそのような受け止め方で、半信半疑の人が多かったようです。

ところが、その説を強化する証拠が次々と見つかり、現在では細胞内共生説を疑う人はほとんどいません。黒岩氏はその後、ミトコンドリアや葉緑体の研究に本格的に取り組み、ミトコンドリアや葉緑体の分裂を支配する分裂リングの発見や母性遺伝の仕組みなどで重要な

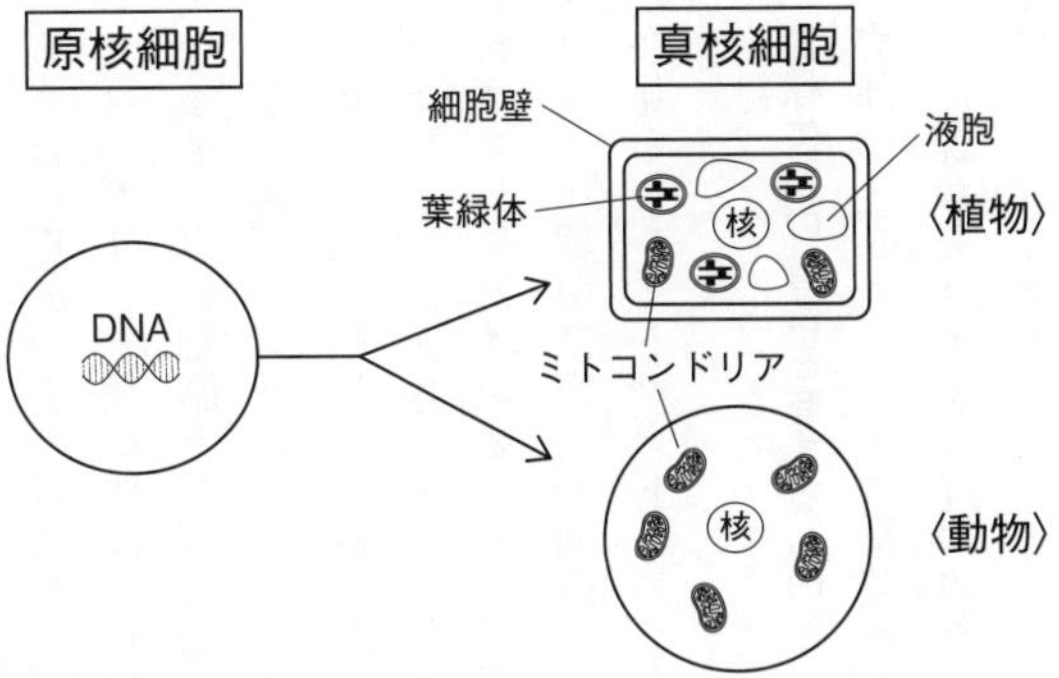

図2-1　真核細胞と原核細胞

成果を次々と出して、文化功労者となっています。

ミトコンドリアの祖先は何か

さて、そんな真核細胞の構造を見てみましょう。

真核細胞は染色体（DNAがタンパク質により折りたたまれたもの）が入っている核があり、核膜で隔離されています。その他に葉緑体、ミトコンドリアという細胞小器官と呼ばれる構造物が存在します。これに対して、細菌などの原核生物は、こちらもタンパク質で折りたたまれたDNAを持っていますが、核という特別な器官は持っておらず、原核細胞と呼ばれる単細胞からできています。

前述したαプロテオ細菌は、ミトコンドリアと形態的に驚くほどよく似ています。その形態は落花生（ピーナッツ）状で、細胞膜がところどころ陥入したクリステ構造を有しています。この膜構造はミトコンドリアにも見られます。

両者は形態的特徴だけでなく、生理学的にも似ています。まず、タンパク質合成系です。ミトコンドリアと葉緑体は、独自のDNAとリボソーム（タンパク質合成を行う場所）を持っています。真核細胞と原核細胞では、タンパク質合成系が異なっていますが、ミトコンドリアと葉緑体のタンパク質合成系は真核細胞型ではなく、原核細胞型です。つまり、真核細胞のなかに原核細胞型の小器官が入っているのです。

リボソームにあるリボソームRNA（rRNA）の遺伝子を解析した分子系統樹からも、ミトコンドリアはαプロテオ細菌に近いことが明らかにされています。こうした研究から、αプロテオ細菌は宿主の細菌に取り込まれたあと、徐々にミトコンドリアに変化していき、現在見られるミトコンドリアになったと考えられるようになりました。

真核生物の特徴を有するもの

では、ミトコンドリアを取り込んだ生物体（宿主）は何だったのでしょうか？　これには様々な説があります。はっきりしたことはまだ分かりませんが、有力視されている説をここではご紹介しましょう。

近年、土壌中に含まれる細菌を一緒くたにまとめてゲノム解析する「メタゲノム解析」という技術が開発されています。土壌中に含まれる各々の微生物を培養しなくても、全体のゲノムを精製してシークエンス（塩基配列決定）し、つなぎあわせることにより、どんな微生物がいるかを調べることができます。つまり、この技術を用いれば、土壌中の細菌全てのゲノム情報を得ることができるのです。培養する時間や手間がかからず簡便なので、最近ではよく使われる方法です。

二〇一五年、スウェーデンの研究グループがグリーンランドの海岸の泥からアーキアのグループの細菌群を採取しました。この方法で調べてみると、そのなかの一つが、どうも真核生物の祖先らしいと思える特徴を持っていました。すなわち、真核生物に見られる特徴的な遺伝子を含むゲノムを有していたのです。しかし当時は、ゲノムは分かったものの、細菌自体を見つけることはできませんでした。この報告のあと、他の研究所でも同様の細菌群が見つかり、アスガルドアーキア群と名付けられるようになりました。

二〇二〇年になって、日本の海洋研究開発機構のグループが、「深海６０００」を使用して深海の堆積物からアスガルドアーキア群の一種を採取し、培養に成功しました。深海の状況は、メタンが主であった原始の海の環境によく似ていて、「嫌気的」と称されます。採取されたアーキアの生態を観察すると、そのアーキアが触手を伸ばして、いかにも微生物を取り込みそうな姿が見られたようです。

嫌気的な環境下で生息しているこのアーキアは、酸素を利用してエネルギーを産生することはできず、もっぱら硝酸を還元してエネルギーを得ていました。このアーキアがαプロテオ細菌を取り込んで真核細胞になったのではないか、という説が提唱されています。この説によると、アーキアとαプロテオ細菌はアミノ酸の一種、2-オキソ酸を分け合うことによって、共存を可能にしたとされます。

ただ、アスガルドアーキアを宿主と考えると、大きさの問題がでてきます。原核細胞の大きさは一マイクロメートル、真核細胞は一〇～一〇〇マイクロメートル程度なので、真核細胞の体積は少なくとも原核細胞の一〇〇〇倍以上あります。そうすると、原核細胞から真核細胞が形成されるには一〇〇〇個以上の原核細胞が融合する必要があります。

大きさの観点からいえば、細胞壁がなく細胞膜がむきだしになったテルマプラズマ属のアーキアが融合して、真核細胞の元になったのではないかという説もありました。しかし、アスガルドアーキアも古代にはもっと大きかったかもしれませんし、あるいは、αプロテオ細菌を取り込んでエネルギーを大量に得たことから、今の真核細胞の大きさにまで巨大化したのかもしれません。

いずれにしても、現在において再現することは難しいので、宿主となった生物については今のところ正確なことは分からないのです。ただ、このような真核細胞の起源となった宿主とαプロテオ細菌のあいだで、共生が起こったことは間違いありません。

ミトコンドリアとの共生は二〇億年前に起こったと考えられていますが、現在においてもミトコンドリアの細胞内共生説を裏づけるような共生の観察例があります。ペロミキサといわれるアメーバは、ミトコンドリアを持っていませんが（過去に持っていたミトコンドリアが退化した）、好気性細菌を取り込んでエネルギーを得ています。同様の例は繊毛虫でも見られます。このような共生の試みが、地球に生命が生まれたころに幾度となく起きていたのではないでしょうか。

共生は進化の「産業革命」

こうして起こったミトコンドリアの共生は、宿主細胞にとって画期的な出来事でした。いわば産業革命のようなものです。産業革命では蒸気機関ができて今までにないエネルギーを大量に得ることができるようになり、世界は一変しました。鉄道、自動車、飛行機などが次々と生まれ、人々はそれまで縛られていた小規模な農耕・牧畜生活から解放され、工業を中心とした新時代に移ったのです。このような革命的な変化が、ミトコンドリアとの共生によって宿主細胞にも起きたといえます。

余剰エネルギーが大量に得られたため、進化における様々な試みが飛躍的に可能になりました。目に見えないほどの微小な細菌が、現在見られるような大型動物にまで進化できたのも、ミトコンドリアが共生して多量のエネルギーを産生できるようになったからです。言い換えると、私たちの身体のなかでは何千兆個ものミトコンドリアが働いていて、この大きな身体を維持しています。船の炉に石炭をくべて燃やすように、体内の動力炉ではミトコンドリアがせっせと働いてエネルギーを得ています。そのおかげで、宿主細胞は大型化し、様々な機能を新たに得ることができるようになったのです。

最初の植物の登場

αプロテオ細菌が共生して核とミトコンドリアを含む真核細胞が形成されると、次に、そのなかから葉緑体になる原核生物を取り込むものが現れました。この出来事が植物の始まりです。葉緑体が取り込まれたのは一〇億年ほど前だといわれています。これは、ミトコンドリアとの共生が始まってから、およそ一〇億年後の出来事です。

では、最初の植物は何だったのでしょうか？　一般的には、シアノバクテリアの祖先が真核細胞に取り込まれて共生し、灰色藻が誕生したといわれています。

灰色藻は、淡水に住む単細胞の藻類で、シアネレと呼ばれる原始的な葉緑体を持っています。シアネレには、進化した植物に見られるような、チラコイド（クロロフィルがある膜構

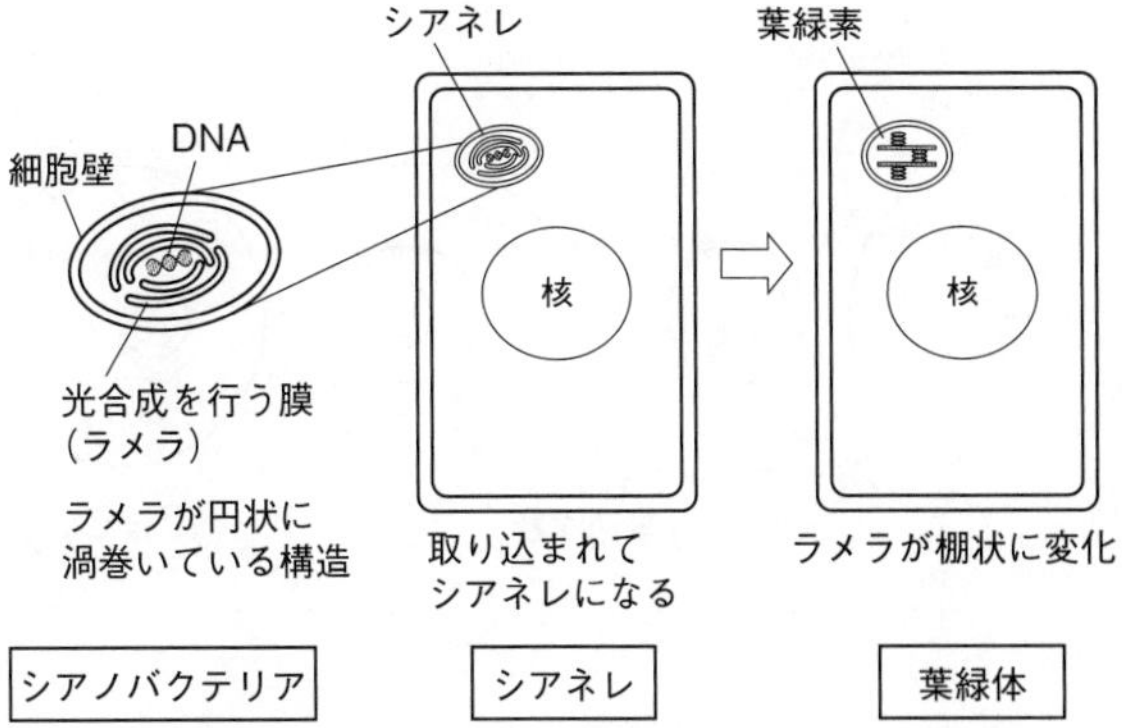

図2-2　細胞内共生に至るシアノバクテリアから葉緑体への形態変化

造）が重なった構造は見られません。その代わり、シアノバクテリアにそっくりな同心円状の構造をしています。さらに、シアノバクテリアと同様の厚い細胞壁が、灰色藻のシアネレにも残っていました。それらの知見から、シアネレが葉緑体の起源であると考えられています。

高等植物の葉緑体になると、この分厚い細胞壁は見られません。そのため、共生したあと時間が経つうちに退縮したものと考えられています。また、原始的葉緑体シアネレのゲノムサイズはシアノバクテリアのそれの約五パーセントしかなく、したがって、自己の遺伝子の多くは共生後すぐに失われ、光合成に必要な遺伝子などは宿主の核に移されてしまったことになります。

灰色藻は最初の植物としての有力候補ですが、ゲノム解析では断定できませんでした。そこで、

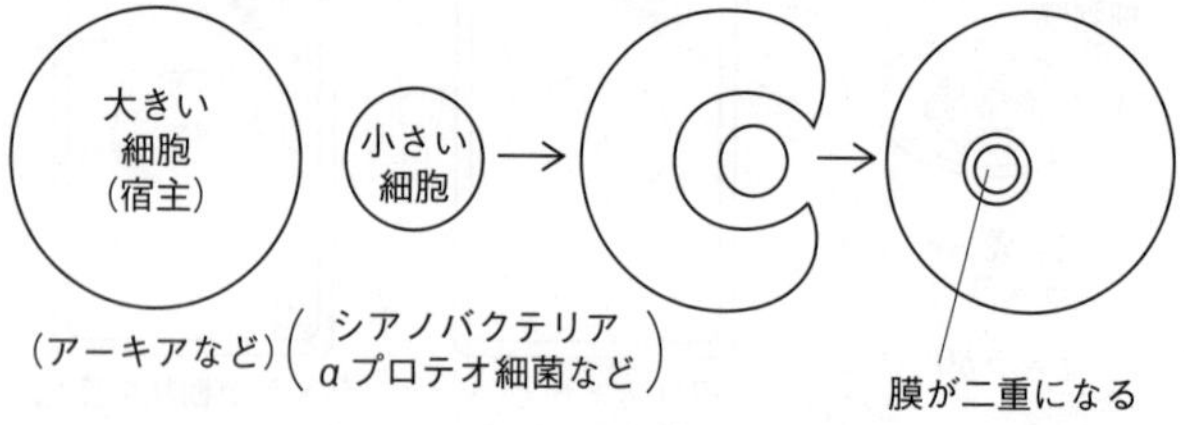

図2-3　ファゴサイトシス（食作用）の過程

葉緑体の包膜の数が注目されました。色々な藻類の葉緑体で包膜の数を調べると、それぞれ異なっていることが見られます。二枚のもの、三枚のもの、四枚のもの、と様々です。

シアノバクテリアが宿主に取り込まれる際には、アメーバが飲み込むような過程（ファゴサイトシス）で取り込まれると考えられるので、その際、シアノバクテリアの外膜の外側に宿主の膜が残ることになります。そうすると、最初にシアノバクテリアを取り込んだ際には二枚だったと考えられます。二枚の包膜を持つ藻類としては、三種の候補があります。一つは前述の灰色藻です。その他には、紅色藻（紅藻）と緑色藻（緑藻）があります。紅色藻は、アサクサノリのような、紅色の色素を持つ藻類であり、緑色藻は、クロレラのような、緑色の藻類です。これらは全て原始的な構造を持つ藻類の仲間です。

この三種の藻類の関係を調べるのに、分子系統樹を用いた方法が使われました。分子系統樹は生物の進化を調べるのによく用いられる方法です。どういう方法かというと、生物のゲノムやアミノ酸を解析して、生物間の相同性を比較して近縁度を調べる方法です。この方法で進化の道筋を探るために作成したものを「分子系統樹」といいますが、それによると、最初の細胞内共生によって生まれた植物は灰色藻、紅色藻と緑色藻でした。灰色藻、紅色藻、緑色藻の三つの藻類は、色素の成分にも違いが見られます。いずれにしても、この三者が最初の植物の候補といえます。

進化の初期では、これらの藻類が葉緑体を持っていなかった別の真核細胞に飲み込まれたり、葉緑体が退化したりすることが度々起こったと思われます。ちなみに、最初の共生を一次共生と呼び、葉緑体を持つ藻類細胞が別の真核生物に飲み込まれる共生を二次共生、あるいは三次共生と呼んで区別しています。

共生への誘惑

共生は最初、お互いのメリットになる関係でした。ミトコンドリアの元となったαプロテオ細菌にも、宿主に取り込まれることによって、呼吸のための有機物をもらえるというメリットがありました。葉緑体の起源のシアノバクテリアも同様です。共生することで、光合成の原料となるものを宿主から受け取ることができました。もしも一方的に取り込まれたとしても、取り込まれた側にもメリットはあったのです。もちろん、宿主側にとっては、共生によるエネルギーの獲得が非常に大きなメリットであったことは言わずもがなです。

ところが、真核細胞の祖先と思われるアーキアとαプロテオ細菌との共生が始まってすぐ、宿主による締めつけが始まるようになります。宿主とミトコンドリアのあいだで遺伝子の収奪が起き、ミトコンドリアの多くの遺伝子が宿主の核のDNAに取り込まれてしまったのです。そのため、ミトコンドリアはもはや単独では生きられなくなりました。

たとえば、ミトコンドリア内でATP（エネルギーを保存する有機化合物の一種）を合成するATP合成酵素は、八種類のサブユニット（機能を持つタンパク質を形成する部品のようなもの）で形成されていますが、そのうち六種類のサブユニットの遺伝子は、宿主の核DNAにコードされ（暗号として遺伝情報に刻まれ）ています。ミトコンドリアのDNAにコードされているのは、残りの二種のサブユニットの遺伝子のみです。

どうして、αプロテオ細菌はこんなことを許してしまったのでしょうか。αプロテオ細菌にも共生当初はメリットがあったのです。αプロテオ細菌が生存に必要とするタンパク質を、全て自前で産生するのには、かなりのエネルギーが必要です。そこで、共通の機能を有する一般的な遺伝子を核のDNAに渡してしまい、呼吸活動に必要な遺伝子だけを持っていたほうが身軽になります。そうすれば、呼吸活動に専念できるため、無駄なエネルギーを使うことなくエネルギーをどんどん貯めこむことができ、自身のコピーも増やすことができるわけです。

最初にこのような行動を取ったミトコンドリアは、自前で必要なものを全部作っていたミトコンドリアよりも細胞内で優勢になって、数を増やしていけたと思われます。そしてついには自前の遺伝子を多く持つミトコンドリアが淘汰されていったのではないかと考えられているのです。

イメージしやすいように、たとえを一つ挙げてみましょう。昔ながらの八百屋さんや魚屋さんが中央市場で仕入れて売るのには運搬費や調達する時間が必要ですが、スーパーに加盟して、それらの調達を一括で任せてしまえば安く仕入れることができ、しかも売ることに専念できるでしょう。こうしたメリットの誘惑は強いものです。すると、昔ながらのお店はどんどん淘汰され、スーパー加盟店だけが増えていくようになります。そのようなメカニズムといえます。

αプロテオ細菌のゲノムとミトコンドリアのゲノムを比較すると、自律的に生きるのに必要な遺伝子のうち、ほとんどの遺伝子が宿主の核に移ってしまったことが分かります。もはや、ミトコンドリアを細胞内から取り出して単独培養しても生存させることはできません。葉緑体も同様で、二〇〇〇種類を超える葉緑体のタンパク質の遺伝情報が、葉緑体DNAではなく、核のDNAにコードされています。大量の遺伝子（DNA）が核に移った結果、葉緑体遺伝子にもダイナミックな変化が生じ独立性を失ってしまいました。単独で生息していた好気性細菌の時代には、これらの遺伝子は全て元の細菌のDNAにコードされていたものですから、共生後に宿主のDNAに移ったものとしか考えられません。宿主は、自己の体内（細胞内）でミトコンドリアと葉緑体のDNA情報を奪うことによって従属させ、自分の意のままに行動するよう支配していったようにみえます。

こうしてミトコンドリアと葉緑体は奴隷化された

前述の黒岩氏によると、宿主によるミトコンドリアと葉緑体の従属化は、三段階の仕組みで行われたと仮定されます。一つ目は、いま述べたような、ミトコンドリアと葉緑体のゲノムからの大量の収奪です。これで、それらを自律的に生存できないようにさせました。

二番目の仕組みは、彼らの分裂を支配することです。細菌類は、分裂してコピーを増やすとき、真ん中にくびれを生じさせて互いに引っ張るような形で分裂します。ちょうど、饅頭をひっぱって二等分するように分かれる形式です。その際、細胞の中央（分裂面）を取り囲むように分裂リング（FtsZリング）が現れます。ミトコンドリアと葉緑体もこれを用いて分裂して増えていますが、宿主細胞はそのリングとは異なる独自のリングも加え、それを使わせるようにしたのです（ただし、FtsZの遺伝子は宿主の核に収奪されています）。ミトコンドリアと葉緑体では、宿主のリングはそれぞれ異なりますが、いずれにしても、この宿主側のリングがないとミトコンドリアと葉緑体は分裂することができなくなりました。つまり、自力で自分のコピーを増やせないのです。

三番目の仕組みとして、ミトコンドリアと葉緑体の遺伝子では、他種とのあいだで組み換えを起こさせないようにしました。前に述べた母性遺伝は、細胞質の持つ遺伝情報は母方（雌細胞）の遺伝子だけが子孫に伝わります。その仕組みは、父方の精子（精細胞）が核のみの形で母方の卵細胞に侵入して受精するので、父方の細胞質成分は母方の卵細胞に持ち込まれないことが原因だといわれていました。しかし、実はそれだけではなかったということです。

進化は、他個体との接合や交配によって遺伝子の組み換えが起こり、新しい機能を得ることが基本となっています。しかし、どうやらミトコンドリアと葉緑体では、その仕組みが宿主によって妨害されたようなのです。淡水に住むクラミドモナスは、単細胞の藻類で無性的に分裂して増殖します。しかし、有性生殖を行うこともあります。有性生殖を行う場合の雌細胞（雌性配偶子）と雄細胞（雄性配偶子）は同じ大きさですが、接合（受精に相当）すると、雌細胞にある葉緑体ＤＮＡのみが、合体したあとの接合細胞に伝わります。この仕組みを調べると、接合した初期は雌雄両方の葉緑体ＤＮＡが存在しますが、時間が経つにつれて、雄側から来た葉緑体ＤＮＡが消えてしまうのです。

これは、雄側の葉緑体ＤＮＡだけを特異的に分解する仕組みが進化の途上でできあがったために起こるようです。つまり、接合細胞では雄側から来た葉緑体ＤＮＡのみが分解されるので、雌側の葉緑体ＤＮＡだけが残ります。そうなれば、雌雄の葉緑体ＤＮＡの組み換えが起こりません。そのため、葉緑体は独自で新しい組み合わせを持つゲノムが作れなくなります。これは、葉緑体の独自の進化を妨害するための宿主の戦略のように思われます。

先ほどの精子の受精の場合も、正確にいうと核だけでなく、ミトコンドリアが卵子に入りますが、それらは間もなく分解されてしまいます。つまり、クラミドモナスの雄細胞の葉緑体と同じ経過をたどります。これらを見ると、葉緑体もミトコンドリアも、宿主による締めつけ機能が初期に形成されたのではないでしょうか。

もう戻れない独立への道

ミトコンドリアと葉緑体は、大部分のゲノムを宿主に取られてしまいました。もはや独立したくともできない状態です。その時点で、家畜のように餌を与えられて生存し、あとは全て宿主のために働くしか生き残れなくなったのです。

一般的に、共生に至るプロセスは「任意共生」から「絶対共生」への道をたどります。任意共生とは、お互いのメリットがある場合にだけ共生し、どちらかがメリットがなくなったと思えば共生関係を解消して、単独生活にもどることができる関係です。それに対して絶対共生とは、お互いが強く依存しあっているため、もはや共生関係を解消できない関係です。真核細胞の宿主とミトコンドリアや葉緑体との関係は、絶対共生の段階といえます。進化の段階での任意共生から絶対共生へと変遷するプロセスは直接見ることはできませんが、現在においても、それらを彷彿させる現象が様々な生物で見られます。特に、次章以降で述べるような原始的な生活をしている原生生物においては、それが顕著です。

ここまで見てきたように、共生はお互いのメリットを求めて始まりました。しかし、その形は進化の過程で大きく変化してきました。こうした経緯は、利他性・利己性をめぐる生物の性質を考えるうえでも、大きなヒントになると思われます。

人間社会になぞらえて考えれば、たとえば異性関係が想起されるでしょう。最初は甘い言葉で引き寄せて、親密になって依存性を高めたあとに支配しようとする人もいます。また、異性関係でなくても自分たちのグループに入るよう巧みな言葉で勧誘し、仲間になると徐々に要求を強めて、最終的に支配してしまう形の人間関係もあります。よりマクロの目で見れば、強大な軍事力を持つ大国が、資源を持つ小国を自治区と称して支配する例があります。半独立性を認めたようでいて、実際のところは独立できないように徐々にコントロールを強め、自国の領土としてしまうのです。真核生物の共生も、そのような事象を彷彿とさせないでしょうか。

コラム1

原生生物の多彩な生活

原生生物は主として単細胞生物で、そのなかにはアメーバや繊毛虫などの原生動物、真核藻類、卵菌類、変形菌（真正粘菌）や細胞性粘菌など様々な種類があります。共生という観点でみると、繊毛虫や真核藻類などの原生生物の仲間は、とりわけ面白い共生関係を持っています。ちなみに、真核藻類における共生には、シアノバクテリアによる一次共生、鞭毛虫への紅藻の二次共生、アメーバおよび鞭毛虫への緑藻による二次共生などがあります。

本コラムでは、原生生物における二次共生や三次共生の例をいくつか紹介しましょう。

ミドリゾウリムシと共生クロレラ

ミドリゾウリムシは〇・一二ミリメートルの体長を持つ単細胞の淡水産繊毛虫類です。普通のゾウリムシは葉緑体を持たない原生動物で、バクテリアなどの餌を細胞口（餌を食べるための穴）で食べています。ところが、ミドリゾウリムシは捕食するだけでなく、自分の体内に葉緑体を持っています。この葉緑体は、ミドリゾウリムシに共生している約七〇〇個の共生クロレラで、この共生クロレラが光合成をするのです。そのため、ミドリゾウリムシは、動物的性質と植物的性質をまさに兼ね備えていることになります。これらの共生体は様々な系統の単細胞緑藻類ですが、面倒なので、まとめて「共生クロレラ」と呼んでいます。クロレラは一次共生体なので、ミドリゾウリムシは二次共生体になります。

共生クロレラは細胞質表層にいます。その理由は、光を浴びやすいということと、原形質流動の影響を受けにくくなるということです。原形質流動というのは細胞内の微小な原形質の流れのことですが、細胞膜のすぐ下だと、原形質の流れが弱いので、共生クロレラは流されることなく、細胞内の同じ位置に存在し続けることができます。

共生クロレラは、ミドリゾウリムシの食胞（消化のための小胞）の膜由来の生体膜に包まれています。生体膜中の共生クロレラの数は一個だけです。共生クロレラはマルトースという糖類を放出し、ミドリゾウリムシに供与しています。生体膜と共生クロレラの細胞膜とのあいだは酸性になっており、共生クロレラは、外界が酸性であるとマルトースを放出する性質を持っています。そして、このような性質を持たないもの、すなわちマルトースを提供しないクロレラは、ミドリゾウリムシによって消化されてしまいます。つまり、共生するかどうかは、ミドリゾウリムシの役に立つかどうかが重要で、宿主のミドリゾウリムシが決めているのです。

それでは、共生クロレラにはどういうメリットがあるのでしょうか。実は、ミドリゾウリムシは共生クロレラに二酸化炭素やアンモニアを供給しています。共生クロレラを包む生体膜をよく観察すると、ミドリゾウリムシのミトコンドリアが密着・融合しています。このミトコンドリアは、共生クロレラに二酸化炭素を供給し、共生クロレラからは酸素を供与されています。共生クロレラは光合成によって酸素を発生させ、ミトコンドリアは呼吸することによって二酸化炭素を発生させるから、お互いにメリットがあるのですね。

ハテナとは何者?

次に、「?」と呼ばれる生物の話をします。ハテナ（ハテナ・アレニコラ）は、長径約三〇マイクロメートルの緑色の海産鞭毛虫です。ハテナ・アレニコラの意味は、「砂浜に住む謎の生物」です。

ハテナは、一見すると緑色の巨大な葉緑体を持っているように見えますが、実はこれは、プラシノ藻ネフロセルミスの仲間の緑藻です。ところが、自由生活型の緑藻であるネフロセルミスは、共生藻型ネフロセルミスに比べるとかなり小さく、そのため共生藻がどのネフロセルミスに由来しているのかは現在も分かっていません。

特徴的な現象は、ハテナが分裂するときに生じます。ハテナが分裂するときに共生藻は分裂しませんので、共生藻は一個のままです。そのため、娘細胞の一方は共生藻を持ちますが、もう一方の娘細胞は共生藻がありませんので無色になります。無色のハテナには、新たに口（捕食装置）が形成され、摂食を開始します。つまり、動物になったわけです。ところが、共生藻を持っている娘細胞には口が形成されずに、植物のままです。なんと、ハテナは植物になったり、動物になったりするのです。

渦鞭毛藻と盗葉緑体

最後に、渦鞭毛藻の例を紹介しましょう。渦鞭毛藻（虫）は横鞭毛と縦鞭毛の二本の鞭毛を持ち、回転しながら泳ぐので、そのように名付けられています。植物学専攻の学生は渦鞭毛藻と教わり、動物学専攻の学生は渦鞭毛虫と教わるようです。知られている約二〇〇〇種類の半数が葉緑体を持ち、半数が持ちません。しかし、葉緑体を持っていない種類も、もともとは葉緑体を持っていたものが、二次的に葉緑体を失ったものと考えられています。

葉緑体を持つ渦鞭毛藻の多くは、紅藻由来の赤茶色のペリディニン型葉緑体（クロロフィルa＋bとペリディニンを持つ）を持っていますが、少数の渦鞭毛藻は、珪藻やハプト藻に由来する葉緑体を持っています。彼ら少数派も、祖先はペリディニン型葉緑体を持っていましたが、それを捨てて、別の葉緑体に乗り換えたと考えられています。渦鞭毛藻における葉緑体の放棄や乗り換えは、よくある現象のようです。

少数派の渦鞭毛藻のなかには、クリプト藻（鞭毛藻に紅藻が二次共生したもの）を捕食し、クリプト藻の葉緑体を一時的に維持して、光合成をするものがいます。この共生は、クリプト藻が二次共生ですので、三次共生になります。また、このような葉緑体を「盗葉緑体」と呼びます（第三章）。これは、数日〜数十日のサイクルで葉緑体の獲得・保持・消失が繰り返されるからに他なりません。

たとえば、ヌスットディニウム（「盗人」に由来。ジムノディニウムとも）属のヌスットディニウム・アエルギノーサムは、クリプト藻由来の巨大な葉緑体を持っていますが、その葉緑体は捕食されたときの二〇倍以上のサイズに大きくなり、ヌスットディニウムの細胞の大部分を占有しています。

この盗葉緑体は、ヌスットディニウム・アエルギノーサムの細胞分裂と同調して分裂し、両方の娘細胞に受け継がれます。しかし、クリプト藻由来の核は分裂しません。それは、核分裂に必要な基底小体や微小管が共生体から失われているからです。そのため、片側の娘細胞だけが、共生体核を保持することになるのです。

そのようにして、ヌスットディニウム・アエルギノーサムが分裂を繰り返すと、葉緑体のなかに、共生体核を保持した一個の渦鞭毛藻と、保持していない多数の渦鞭毛藻が出現することになります。共生体核を保持したヌスットディニウムには巨大な葉緑体が相変わらず存在しますが、保持していないヌスットディニウムの盗葉緑体はどんどん小さくなっていきます。新たなクリプト藻を捕食しない限り、巨大な盗葉緑体は得られないのです。このことは、盗葉緑体の巨大化維持のために、クリプト藻の核の遺伝子の働きが重要であることを示しています。

このような盗葉緑体でみられる一時的な共生形式から、原生動物と真核藻類の安定した共生関係が進化してきたのでしょう。

第三章

共生のルーツは「盗っ人」だった？

——盗葉緑体と盗毒

動物のなかには、食べた物の一部分を消化・分解せず、それらの機能を残したままで、自分の生存に役立てているものがいます。このような事例は、「盗《とう》」を接頭語につけて呼ばれています。

たとえば、ウミウシの「盗葉緑体」とは、摂食した葉緑体を体内に貯めて、光合成を行うことです。ミノウミウシの「盗刺胞」とは、刺胞動物を食べて、刺胞を取り込み、自分の防御用に使用することです。これは、槍を持った生物を食べて槍を自分のものにするようなものです。また、繊毛虫が捕食した藻類の核を取り込み、そのまま利用することを「盗核」といいます。

「盗む」と聞くと、何か悪いことをしているように思えますが、そのような人間の価値観は生物の生存競争には通用しません。利用できるものは何でも利用するというのが生き残りの条件なのです。

他にも、ここでは「盗毒」と呼ぶことにしますが、捕食された生物が持っていた毒を利用して、攻撃用あるいは防御用に用いることがあります。代表的なものとしてはフグ毒が挙げられますが、他にも様々な生物が盗毒を行っているようです。たとえば、毒蛇のヤマカガシは毒牙以外に、首のまわりに毒を噴出する毒腺を持っています。この毒は防御用ですが、捕食したガマガエルの毒を転用しています。

ある種のホタルの雌は別種の雌ホタルの発光周期を真似て発光し、その種の雄ホタルを呼び寄せて捕食します。そして、捕食されたホタルが持っているまずい味の物質（ルシブファジン）を体内に蓄積して、自分が捕食される危険を減らしています。

また、キンメモドキという発光魚は、摂食したウミホタルの発光物質であるルシフェリンと酵素タンパク質のルシフェラーゼを消化しないで、そのまま利用して腹部で発光しています。このような方法で利用されているタンパク質を「盗タンパク質」と呼びます。皆、盗んだものを利用しているのです。

これら「盗」のつく現象のうちで、共生であると考えられる例は、ウミウシとシアノバクテリア由来の葉緑体の共生（盗葉緑体）や、フグなどと腸内細菌の共生（盗毒）です。それらの共生の初期過程は、「食べる－食べられる」関係から始まったと思われます。はじめは、食べられて消化されていた葉緑体や腸内細菌が、宿主に何らかのメリットを与える出来事があったので、消化を免れて共生に至ったようです。
それでは、ウミウシやフグなどが実際に行っている「盗み」について、見てみましょう。

盗んだ葉緑体で光合成をするウミウシ

コノハミドリガイは、緑色の体に黒とオレンジ色の縁取りがある美しいウミウシです。以前、海中のアマモ林のなかで、コノハミドリガイを初めて見たときには、なんて美しいウミウシだろう、まるで海のゼフィルス（ミドリシジミを代表とする美しい蝶のグループ）のようだ、と思ったことがあります。このコノハミドリガイは、軟体動物・腹足綱・嚢舌目《のうぜつもく》に分類されています。巻貝の仲間で、そのなかのウミウシのグループに属しています。コノハミドリガイは、貝という名前がついていますが、貝殻を持っていません（仲間のウミウシで貝殻を持っているものもいますが）。

嚢舌目のウミウシは、歯舌《しぜつ》と呼ばれる一列に並んだストロー状の歯を持っています。これを一度に一本の歯だけを藻類の細胞に刺して、細胞質をストローで吸い取ってしまいます。歯舌は、古くなると舌嚢《ぜつのう》と呼ばれる袋のなかに回収されます。回収された歯舌がどのように再利用されているかは不明ですが、舌嚢を持っていることが嚢舌目の名前の由来になっています。彼らはミル、ハネモ、イワズタなどの多核体細胞（細胞が融合して核を多数持つ大きな

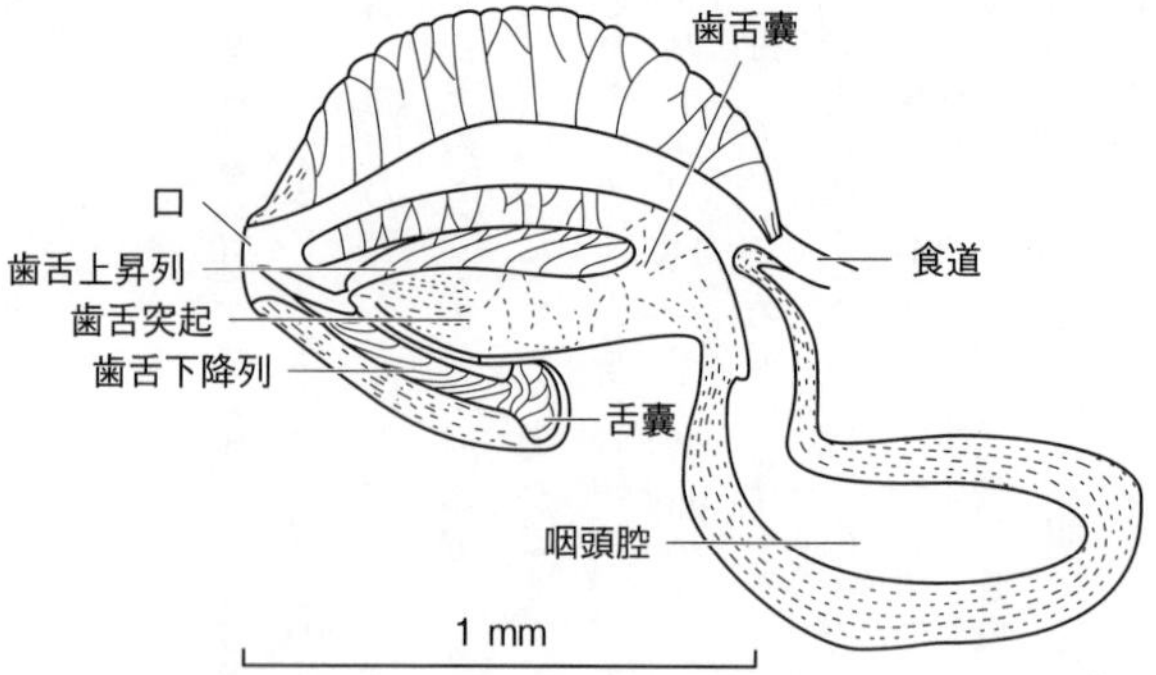

図3-1　嚢舌類の歯舌の移動を示す模式図
歯舌は歯舌嚢で形成され、一列に並び、歯舌上昇列から歯舌下降列に移動する。下降列に入った口に一番近い歯舌が摂食に使用される。古くなった歯舌は舌嚢におさめられる。
（平野義明『ウミウシ学——海の宝石、その謎を探る』43ページ図8から引用）

細胞）を持つ藻類を食することが多く、効率よく食事をしています。

ところで、コノハミドリガイの緑色は、取り込んだ葉緑体の色を反映したものです。そのため、若い個体はまだ葉緑体を持っていないので白色です。このように、嚢舌目のウミウシのなかには、餌として摂食した葉緑体を消化しないで一時的に保持し、盗葉緑体として光合成をするものが数種類います。つまり、彼らは葉緑体を共生させて利用しているのです。

盗葉緑体を持つ日本の嚢舌目の動物は、コノハミドリガイ、クロミドリガイ、ヒラタイミドリガイ、ヒラミルミドリガイ、チドリミドリガイ、クシモトミドリガイ、ミドリアマモウミウシなどです。これら

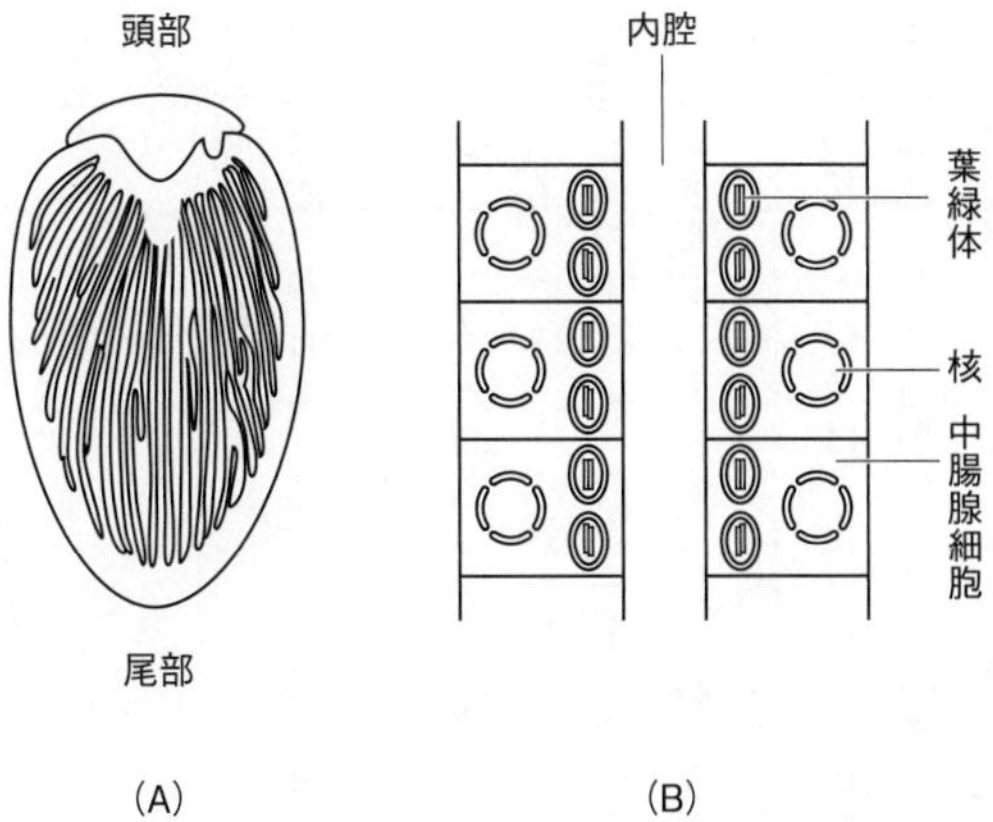

図3-2　ミドリガイ類の模式図
(A) 背中を広げたときの背側模式図。中腸腺が消化管から無数に伸びている。
(B) 一本の中腸腺の縦断面の模式図。個々の中腸腺細胞に葉緑体が取り込まれている。

のウミウシに摂食された葉緑体は消化されず、体全体に網状に広がる中腸腺に運ばれます。中腸腺で、盗葉緑体は中腸腺細胞に取り込まれ、そこで光合成を行います。盗葉緑体を持つミドリガイの仲間は、藻類の細胞質も食べるので、栄養学的にいうと混合栄養性になります。つまり、盗葉緑体による栄養物を摂取し、藻類の細胞質も食べて栄養を取る両刀使いといえます。

ある種の渦鞭毛藻が他種の藻類を食べたあと、藻類の葉緑体を消化せずに一時的に生かして、盗葉緑体として光合成を行っていることがあります（コラム1）。多細胞動物であるウミウシが、単細胞生物である渦鞭毛藻と全く同じように盗葉緑体を持っていることは、生物の形にかかわらず、「盗む」という行為が生物にとって普遍性があることを示しているように思われます。

盗葉緑体の寿命

盗葉緑体の寿命は、ウミウシの種類によって違います。ヒラミルミドリガイやコノハミドリガイは数日程度しか葉緑体を維持できません。いっぽう、チドリミドリガイの盗葉緑体は三ヶ月以上も光合成活性を維持できます。なかには半年以上、盗葉緑体を維持しているウミウシも存在します。この違いはどこから生じるのでしょうか?

盗葉緑体の維持が、前者のように短期間であれば、特に問題はありません。しかし、後者のように長期間にわたって盗葉緑体を維持するためには、特別なしかけが必要になります。なぜなら、高等植物の葉緑体はゲノム遺伝子の多くを宿主に収奪されていて、葉緑体が持っている遺伝子だけでは、自分自身を維持できないからです(第二章)。

葉緑体に変身する前のシアノバクテリアは、最小でも三〇〇〇個ほどの遺伝子を持っていて、独立生活を送ることができました。しかし、共生状態に進化した葉緑体は一〇〇個程度の遺伝子しか持っていないので、もはや独立して生きてはいけません。それと同じような現象です。葉緑体は持っている遺伝子があまりにも少なく、しかも、ウミウシは葉緑体維持のために必要な遺伝子群を持つ藻類の核を「盗核」していないので、盗葉緑体が半年も生きていることは不可能のように思われます。

盗葉緑体を長期間維持するメカニズムの謎は、いまだ解明されていません。ウミウシは、海藻の核全部ではなく、その遺伝子の一部を取り込んで葉緑体を維持しているのだという説もありましたが、二〇一九年に報告されたウミウシのゲノムには海藻由来の遺伝子の有無の言及はなく、さらに二〇二一年に解明されたチドリミドリガイのゲノム中にも藻類由来の遺伝子が全く検出されなかったため、この仮説は現在では誤りだと思われています。

それだけだと寂しいので、別の仮説を挙げておきます。それは、ウミウシは摂食した海藻類が産生した葉緑体維持タンパク質を消化しないで、「盗タンパク質」として盗葉緑体に送っているのではないか、というものです。

ミドリガイと葉緑体の共生進化の過程

その仮説を考えるうえでは、ミドリガイと盗葉緑体の共生がどのように進化してきたのかが重要です。はじめこそ、ミドリガイは食べた藻類の細胞質も葉緑体も消化していたと思われます。ところが、あるとき消化されない葉緑体が出現したか、もしくはミドリガイが葉緑体だけを選択的に消化しなくなったために、葉緑体がミドリガイの細胞に保存され、光合成をするようになったようです。

「共生」した当初の盗葉緑体は、コノハミドリガイの盗葉緑体のように数日しか保持されませんでした。それは、コノハミドリガイが葉緑体を維持するタンパク質を持っていないからです。しかし、チドリミドリガイは、藻類の細胞質のなかにある葉緑体維持タンパク質を消化せずに、盗タンパク質として盗葉緑体に送っているために、盗葉緑体が長期間にわたって維持されていると考えられます。つまり、チドリミドリガイでは、葉緑体を消化しないというイベント(盗葉緑体)と、葉緑体維持タンパク質を消化しないという別のイベント(盗タンパク質)が生じているように思われます。

この先、ミドリガイと盗葉緑体の共生がどのような進化を遂げるかは分かりませんが、もしもミドリガイが藻類の遺伝情報を獲得することがあれば、葉緑体維持タンパク質を自分自身で合成できるわけですから、栄養物を摂取する必要がなくなるかもしれません。そのときには、チューブワームやシロウリガイのように、口や消化器官を失っているでしょう(第四章)。そのようなミドリガイはある意味、「植物になった動物」だといえるかもしれません。

ミドリ人間はできるか?

ハツカネズミ（マウス）の培養細胞に、ホウレンソウやセントポーリアの葉緑体を取り込ませたという報告があります。葉緑体は培養細胞のなかで五日間生きていたそうです。反対にいうと、葉緑体を維持するためのタンパク質がないので、五日間しか生きられなかったのでしょう。

ここから考えを広げてみましょう。iPS細胞に葉緑体を取り込ませて、さらに葉緑体を維持するための遺伝子を導入すれば、光合成をするiPS細胞ができあがるかもしれません。このiPS細胞を皮膚シートに分化させ、人間に移植すれば、葉緑体と共生する人間ができあがります。この「ミドリ人間」は、光を浴びさえすれば糖分が補給できるので、大腸性潰瘍のような消化管系に問題を持つ難病患者を救える可能性があります。また、緑色の葉緑体ではなく、紅藻の葉緑体を使えば、褐色なので普通の人間の皮膚の色に近くなって、案外目立たないかもしれません。

このような「葉緑体と共生する人間」というイメージは、SFに出てきそうなものですね。地球が消滅に近づいたとき、地球脱出を試みて宇宙空間での生存に成功するのは、このようなミドリ人間かもしれません。色々と空想は膨らみますが、この辺でやめておきます。

毒を盗むウミウシ

クシモトミドリガイは、南アフリカ、日本、タヒチ、ハワイと広範囲に生息するウミウシで、体長は通常三センチメートルほどです。ハワイ産のクシモトミドリガイは、ハネモの一種を食用としますが、この海藻はカハラリドという毒素を保持しています。この毒素があると魚類に食べられないので、海藻にとって食害防止効果が得られます。しかし、残念ながら、クシモトミドリガイに対しては食害防止の効き目がありません。まるで、コアラとユーカリの葉の関係とそっくりです。毒のあるユーカリの葉は大多数の動物には食べられませんが、コアラは有毒なユーカリの葉を食べることができます。ユーカリの毒を分解する酵素を持っているからです。

クシモトミドリガイは、毒素に耐性を持つばかりか、体内の毒素濃度が海藻内濃度のおよそ一〇倍になるほど毒素を蓄積しています。この毒素を持つことによって、クシモトミドリガイもまた、魚類に捕食されることを防御しているのです。コアラはユーカリの葉の毒を解毒しますが、クシモトミドリガイは毒を解毒せずに利用していることになります。これはまさに、「盗毒」といえるでしょう。

この毒素はハネモなどの藻類が作っているのでしょうか。実はそうではなく、藻類の細胞内に共生している細菌が毒素を産生しているのです。この細菌は藻類に毒素を提供し、藻類は細菌に住む場所と栄養分を供給しています。毒素を産生する細菌は藻類に強く依存しており、外界で生存するための遺伝子を失っています。そのため、細菌は藻類のなかでのみ生息できます。この共生関係は、細菌にとって絶対共生ですが、藻類にとっては任意共生のようです。

クシモトミドリガイは、藻類の細胞質を摂食するときに、盗葉緑体として機能する葉緑体、毒素および毒素産生細菌を吸い込みます。現在のところ、クシモトミドリガイはこの細菌と共生することなく、消化してしまいます。その際、細菌を消化して、細菌細胞内の毒素も盗毒として利用しています。しかし、遠い将来には、クシモトミドリガイも毒素産生細菌の生存に関わる遺伝子を獲得して、この細菌と共生する日が来るかもしれません。

ちなみに、ウミウシは毒を持っていたり、刺胞動物由来の刺胞を持っていたりします。そのため、ウミウシを素手で触るのは大変危険な行為です。「綺麗な薔薇には棘がある」なのです。やや脱線しますが、そもそもオスもメスも、カラフルな動物には注意を払ったほうがいいのです。ヤドクガエルのように、体色がカラフルであるのは、「自分は危険な存在ですよ」とアピールしている可能性が高いからです。これを「警告色」といいます。

ところで、一部の地域でアメフラシを食用にしている例外もありますが、ウミウシ類は、ほとんど食用になりません。それは、ウミウシが毒を持っていたり、食べてもおいしくないからです。一般的に、ウミウシはカイメン類などのまずい生物を食べます。その結果、自分の体もまずくなり、毒や刺胞がなくても、外敵による捕食を避けることができるようになったのかもしれません。

フグ毒はどこから来たのか？

フグがフグ毒（テトロドトキシン）を持つことはよく知られています。当たると死ぬので、フグは「鉄砲」と呼ばれています。フグの王様であるトラフグは、精巣、皮膚、筋肉は無毒ですが、卵巣、肝臓に強いフグ毒を持っています。磯釣りの困りものであるクサフグは、上に挙げた全ての部位にフグ毒を持っていますが、特に卵巣や肝臓には猛烈な毒、皮膚には強い毒を持っています。クサフグを釣り上げるとクサフグは自分を大きく見せるためにぷっと膨らみます。フグの胃は背腹軸に沿って瓢簞《ひょうたん》型をしており、腹側の胃の部分が膨張嚢という袋状になっています。フグは海水中であれば海水を、大気中であれば空気を吸い込んで膨張嚢を膨らませるのです。それだけならば問題ありませんが、クサフグは皮膚にフグ毒を持っているので、膨らむと同時に毒を放出します。海中ならば毒の放出は天敵からの捕食を免れる効果を持つのでしょうが、釣り上げたクサフグを処理する釣り人の立場からすると、ただただ厄介な代物になります。

クサフグは初夏に決まった場所に集まって一斉に産卵します。クサフグの卵はフグ毒を持っているので、普通の魚の卵よりも捕食被害が少ないと思われます。余談ですが、以前、クサフグの一斉産卵を見たことがあります。初夏の夜に砂浜というよりも砂礫でできている浜辺で、何千匹ものクサフグが押し合いへしあいしており、岸に打ち上げられているクサフグもかなりいました。次の日の朝には、大部分のクサフグは退散しており、海はクサフグの精子で白濁していました。卵は砂礫のあいだに産み落とされ、沖に流されることもなく、そこで発生を開始します。記憶では、一晩だけの出来事のようでした。一晩の饗宴でクサフグの命がつながれていくのを見たことになります。

話を戻しましょう。実は、フグ毒を持つ海洋動物はたくさん存在します。それは、ツノヒラムシなどの扁形動物、ミドリヒモムシなどの紐形《ひもがた》動物、体長が一センチメートル程度の動物プランクトンであるヤムシ類（毛顎《もうがく》動物）、ウモレオウギガニやスベスベマンジュウガニなどの甲殻類などです。スベスベマンジュウガニについては、語呂が面白いので「恋のスベスベマンジュウガニ」という歌が、以前NHK「みんなのうた」で放送されたことがありました。安易な接触を防ぐためか、放送終了後、これが毒ガニであるというアナウンスが流されていました。

さらに巻貝では、アラレガイやハナムシロガイなどの小型巻貝や、ボウシュウボラなどの大型肉食性巻貝、ヒョウモンダコなどの頭足類、モミジガイやトゲモミジガイという名前のヒトデ類、ツムギハゼ、アオブダイ、ナンヨウブダイなどの様々な魚類が、フグ毒を持っています。

これらのフグ毒を持つ動物は、いずれもフグ毒で死にません。このようにフグ毒を保持する動物が広範囲であることは、食物連鎖でフグ毒が盗毒として蓄積されていることを意味しています。実際に、ボウシュウボラがトゲモミジガイを食べたり、フグがハナムシロガイを食べることが確認されています。

最初にフグ毒を産生するのは、ビブリオ属などの海洋細菌です。また、フグ毒を産生するこの細菌は、魚介類の腸内に共生したり、体表に付着したりします。共生の観点で見ると、これらの細菌は宿主にフグ毒を提供し、宿主から快適な生息環境を提供してもらっているように見えます。実際に、フグ、トゲモミジガイ、スベスベマンジュウガニ、ヒョウモンダコの腸内細菌が、フグ毒を作っていることが確認されています。つまり、フグ毒は腸内共生をしているフグ毒産生細菌に由来するもので、それが食物連鎖によって伝わっているのです。フグ毒を産生している腸内細菌は海水中で生存できますし、フグ毒を持つ動物はこのような腸内細菌を除去しても生きられるので、彼らの共生は「任意共生」ということになります。

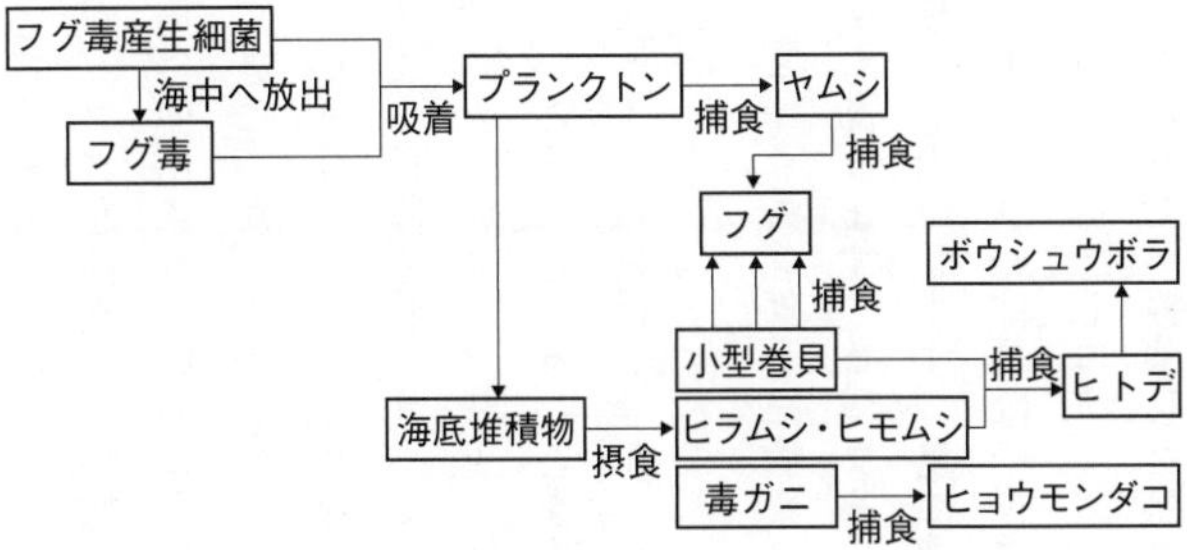

図3-3　食物連鎖によるフグ毒の移動
フグ毒は、この図に示す食物連鎖によるもの以外に、腸内共生細菌による生産によっても蓄積される。

食物連鎖の経路については、次の二つが考えられています。一つは、海水中に放出されたフグ毒もしくはフグ毒産生海洋細菌がプランクトンに吸着し、それをヤムシなどの小型動物プランクトンが捕食し、さらに、フグなどの魚類がこれを捕食するという経路です。

もう一つの経路は、毒産生細菌を吸着させたプランクトンが死亡して海底に沈殿し、海底堆積物となったのち、これを底生生物である小型巻貝、ヒラムシ、毒ガニが食べて毒を蓄積、フグやボウシュウボラなどがこれらの小型動物を捕食し、毒や毒産生細菌が移動するというものです。フグ毒を持つ動物は、フグ毒を含む食べ物を好む傾向があるのです。

フグ毒を持つ理由

それでは、フグは何のためにフグ毒を持っているのでしょうか？　その答えは、「天敵によって捕食されるのを避けるため」だと考えられています。海のなかで、フグは速く泳ぐことはできませんが、フグを捕食する動物はほとんどいません。一般的に他の動物においても、フグ毒は防御用に使用されているようです。

ところが、ヤムシやヒョウモンダコは、噛みついたときにフグ毒を注入し、捕食に利用しています。ヤムシは小型プランクトンなので問題ありませんが、ヒョウモンダコは人間にとっても危険生物です。ヒョウモンダコは体長一〇センチメートルほどの小型のタコで、興奮すると青いリング状もしくは斑点状の模様を浮き上がらせます。これも、「自分は毒を持っているぞ」ということを周りの動物に知らせる警告色になります。外敵が出現してもヒョウモンダコは逃げません。自分に自信があるのでしょう。そもそも、逃走用の墨袋を持っていません。

ヒョウモンダコに噛まれるとフグ毒が注入されるので重大事故につながり、人が死亡した例もあります。ヒョウモンダコは温暖な南方海域に生息していますが、黒潮に乗って三浦半島にも出現します。夏に磯採集をすると見かけることがあります。三浦半島に生息するヒョウモンダコの体長は一～二センチメートル程度と小さいですが、素手で捕まえようとしないほうがいいでしょう。

ところで、殺菌した海水を用いて、陸上でトラフグを養殖することができます。餌も無毒のものだけを与えるように管理すると、無毒のトラフグに成長します。無毒のトラフグでは、肝臓も無毒になります。佐賀県などで、無毒の養殖トラフグの肝臓を販売しようとする動きがありますが、現在のところ、厚生労働省からの許可は下りていません。

また、石川県白山市の美川地域、金沢市の金石、大野地区では、ゴマフグの卵巣を塩漬けおよび糠漬けにして毒を抜き、販売しています。処理方法は、一年間ゴマフグの卵巣を塩漬けし、その後二年間、糠漬け（本漬け）にします。糠漬けの際には、樽のふちに置いた藁にイワシの「いしる」（魚醬《ぎょしょう》）をかけて、樽のなかに流し込みます。このようにして毒を抜くわけですが、毒がなくなるメカニズムについては分かっていません。おそらく、フグ毒を分解する細菌によるものでしょう。フグ毒を産生する細菌が存在していれば、その一方で、フグ毒を分解する細菌がいるはずですから。

これまで見てきたように、生物は毒のような物質でも利用できるとあれば取り込んで（盗んで）利用し、役に立つものであれば「共生」の方向に持っていくように思われます。進化の過程では、これらの試みが幾度となく行われてきたことでしょう。

コラム2

アリと手を結んだアブラムシの「安全保障」

庭の草木によくいるアブラムシは、口吻《こうふん》におさめられたストロー状の口針《こうしん》を植物の維管束まで突き刺し、師管液を吸い取って食料としています。アブラムシが吸引する師管液には、ショ糖（砂糖の主成分）がアブラムシの必要量以上に含まれていますが、アミノ酸のような窒素化合物はあまり含まれていません。そこで、アブラムシは大量の師管液からアミノ酸や必要量の糖分だけを吸収し、残ったショ糖を含む液体を甘露として排泄しています。

アブラムシの天敵とアリ

アブラムシの捕食者として代表的なものは、テントウムシ類、ヒラタアブやヒメカゲロウの幼虫です。特に、テントウムシ類は成虫も幼虫もアブラムシを捕食するので、益虫と考えられています。しかし、植物食性のニジュウヤホシテントウは、作物を食害するので害虫とされます。要するに、益虫か害虫かという定義は人間の都合によるのです。

アブラムシは、一般的には外敵に無抵抗で、アリの助けを借りて身を守っていることや、お返しに甘露を与えていることが広く知られています。一見すると、相利共生のようにみえますが、産生される甘露がアリにとって必要量以上になれば、アリは余分なアブラムシを捕食してしまいます。たとえば、トビイロケアリは、甘露を採取すると何らかの痕跡をアブラムシに残します。トビイロケアリは、自分たちがつけた痕跡のないアブラムシを捕食することによって、アブラムシ集団の適正サイズを決めています。まるで、牧牛に焼印を押すようなことをしているのです。これらのことから、アリとアブラムシの関係は単なる共生ではなく、アリがアブラムシを放牧しているように見えます。

兵隊アブラムシ

アブラムシのなかには、自分のコロニーを守るための兵隊アブラムシを持つものがいます。兵隊アブラムシとは、一令幼虫もしくは二令幼虫です。その段階で成長がとまっており、脱皮をせず、出産もしません。兵隊アブラムシの前・中脚は太くなっていて、先端に大きな爪を持っており、通常の生殖型幼生と違った形態をしています。つまり、兵隊アブラムシは、兵隊になるという運命が決まっており、そのために特殊な形態を持った段階で成長がとまっているのです。

兵隊アブラムシは、天敵を口針で刺します。ツノアブラムシの兵隊は、ツノで刺して撃退します。ハクウンボクハナフシアブラムシの兵隊アブラムシでは、タンパク質分解酵素が高発現しており、これが毒として働きます。

兵隊アブラムシを持つアブラムシは、「真社会性動物」と呼ばれます。真社会性動物とは、群れのなかに不妊階級が存在し、高度に役割分担が進んでいて、その不妊個体が繁殖個体を助け、二世代以上の成体が同居している社会を持つ動物のことです。アリ、一部のハチ、シロアリ、テッポウエビの仲間、ハダカデバネズミ、ダマラランドデバネズミなどが真社会性動物のグループに分類されます。

アブラムシのなかには、天敵に対し攻撃性を持つけれども、兵隊階級を持たない種もいます。たとえば、ケヤキワタムシとドロエダタマワタムシの一令幼虫は、ヒラタアブの幼虫などに対して、口針で刺したり後脚の爪で天敵の皮膚を引き裂いたりします。しかし、それらの一令幼虫は普通に成長して出産します。つまり、攻撃性を持つ一令幼虫が特殊な階級ではないので、彼らは真社会性ではなく、前社会性を持つといえるでしょう。つまり、外敵への対応方法から見て、攻撃性のないアブラムシ→一令幼虫が攻撃性を持つ「前社会性アブラムシ」→兵隊アブラムシがいる「真社会性アブラムシ」に進化すると考えられています。アリによる保護が期待できないときには、自己防衛するようになるわけです。

菌細胞と共生細菌

最初に述べたように、植物の師管液の成分にはショ糖が多く、アミノ酸のような窒素化合物は少なくなっています。ところが、アブラムシは、雌が受精することなく同じく雌の幼虫を産んで、急速に雌の個体数を増加させるため（雌性産生単為生殖といいます）、大量の窒素化合物を必要としています。

では、アブラムシはどのようにして必要な窒素化合物を獲得しているのでしょうか。実はアブラムシの体内には、体腔の消化管付近に「菌細胞」と呼ばれる数十個の巨大な細胞が存在しています。そして、これらの菌細胞の細胞内には共生細菌がびっしりと収納されています。アブラムシの種類が違うと共生細菌の種類も異なりますが、全てブフネラ属なので、これらは「ブフネラ」と呼ばれます。ちなみに、菌細胞以外の細胞はブフネラを持っていません。

この共生細菌が、アブラムシの生存に大きな役割を果たしています。師管液は、もともとアブラムシの必須アミノ酸をわずかしか含んでいないので、不足している分を共生細菌に合成してもらっているのです。

アブラムシの体内で、窒素代謝老廃物のアンモニアは、可欠アミノ酸であるグルタミンやアスパラギン生成に使用されます。これらのアミノ酸は、師管液から摂取されたグルタミンやアスパラギンと共に菌細胞に運ばれ、菌細胞中でグルタミン酸やアスパラギン酸に加水分解され、最終的にブフネラに取り込まれます。ブフネラはこれらを出発材料にして、アブラムシの必須アミノ酸を合成し、アブラムシに供与するのです。そのため、アブラムシからブフネラを除去すると、アブラムシは死んでしまいます。

それでは、ブフネラ側はどうでしょうか。ブフネラは大腸菌に近縁な細菌です。しかし、ゲノム解析をすると、ブフネラのゲノムサイズは大腸菌のゲノムサイズの七分の一にすぎないことが分かりました。つまり、遺伝子のおよそ七分の六が失われているのです。

ブフネラのゲノムは欠けているところが多いので、自分だけの力で生存することができません。たとえば、可欠アミノ酸合成系遺伝子は残っていますが、必須アミノ酸合成系遺伝子は失われています。そのため、ブフネラは生存のために、アブラムシから必須アミノ酸（アブラムシにとっては可欠アミノ酸）の供与を受ける必要があります。

必須アミノ酸と可欠アミノ酸の組み合わせとそれらを合成する遺伝子群は、アブラムシとブフネラのあいだで足りない分を互いに補い合っています。そのため、ブフネラはアブラムシの体外では生存できません。これを絶対相互依存関係（絶対共生）といいます。つまり、アブラムシとブフネラは共に独立して生存できない関係になっているのです。

第四章

依存しきって生きるには

——口を持たない深海動物の暮らし

前章では、共生のルーツが「盗み」にあることをお話ししました。本章では、もう一つ面白い事例として、生物に広く見られる「依存関係」についてご紹介します。

早速ですが、深海動物と聞くと何を思い浮かべるでしょうか。口が大きくグロテスクな魚や、頭の上に提灯のように光る突起を掲げて餌になる小魚を呼び寄せるチョウチンアンコウ、マリンスノーの堆積物を食べるダイオウグソクムシやエビ・カニなどの甲殻類でしょうか。

チョウチンアンコウの突起が光るのは、内部に発光バクテリアが共生しているためです(誘因突起といいます)。彼らは光の届かない暗黒の深海で、少ない食料を探し求めて懸命に生きています。深海では太陽光の恩恵が得られないので、基本的に有機物が産生されません。深海で得られる有機物は、海の表面近くで産生される植物プランクトン、動物プランクトン、藻類、動物などの死骸や糞などで、陸上からの土砂と一緒になって、マリンスノーとして降ってきたものに限られます。

特に、深海の海底では生物相が貧弱です。たとえば、太平洋の水深三〇〇〇～六〇〇〇メートルの平坦な海底では、一平方メートル当たり〇・〇一～一グラムの生物量しかありません。陸上の砂漠の生物量は、一平方メートル当たり〇・四グラムなので、深海の海底は砂漠化しているといえます。たまに、巨大な鯨の死骸が沈下してくれば、そこは深海動物の楽園になります。

ともかく、暗く栄養分の乏しい深い海、それが深海の実態です。それでも、移動できる動物はなんとか食料を得ることができるでしょう。しかし、移動できない深海動物はどのようにして栄養分を確保しているのでしょうか。

熱水噴出孔と硫化水素

原始地球の環境は、高温で酸素が少なかったと考えられています。現在の地球は酸素にあふれていますが、今でも原始地球環境に似た場所が存在します。それは、深海に存在する熱水噴出孔周辺です。

そこには、チムニーと呼ばれる煙突があり、その先から熱水がゆらゆらと噴出しています。熱水噴出孔によって、熱水の温度は様々で、二〇～四〇〇℃くらいの差があります。ただし、深海のため水圧が高いので、四〇〇℃の熱水でも沸騰しません。さらに、深海の海水は冷水なので、四〇〇℃の熱水噴出孔でも少し離れると生物にとって適温になります。熱水噴出孔周辺では熱水が急激に冷却されるので、熱水に溶けていたレアメタルが析出し蓄積します。そのため、排他的経済水域（EEZ：海岸線から約三七〇キロメートルの範囲）にある熱水噴出孔は、新たな資源域として注目されています。

熱水噴出孔からは硫化水素が放出されており、そのため噴出孔付近では硫化水素濃度が高く、酸素濃度が低くなっています。しかし、噴出孔から離れるにつれて、硫化水素濃度が低くなり、酸素濃度が高くなります。それは、硫化水素が酸素によって酸化され、二酸化硫黄と水になるからです。そして、熱水噴出孔周辺は、全体として栄養分が少ない環境になっています。

硫化水素は、赤血球ヘモグロビンの酸素結合部位に酸素よりも優先的に結合されます。そのため、硫化水素が存在すると、ヘモグロビンは酸素を運べなくなってしまいます。また、硫化水素は、呼吸系酵素として重要なチトクロームC酸化酵素を阻害してしまいます。その結果、硫化水素濃度が高いと普通の動物は酸素不足で窒息死してしまうのです。よく温泉地の近くで硫化水素事故が起こるのも、これが原因です。

ところが、生きることが困難であると思われる深海の熱水噴出孔周囲では、生物相がとても豊かになっています。管のなかに住んでいるチューブワーム、シロウリガイやシンカイヒバリガイなどの二枚貝、アルビンガイやウロコフネタマガイなどの巻貝、オハラエビやユノハナガニのような甲殻類が、びっしりと集まっているのです。オハラエビやユノハナガニは眼が退化しています。オハラエビというのは、民謡「会津磐梯山」の朝湯好きの「オハラショウスケさん」に、その名称が由来します。体の色が白いユノハナガニのほうの名称は、「湯の花」から来ています。

この熱水噴出孔周辺の生物量は、一平方メートル当たり二〜一五キログラムです。これは、驚くべき数字です。なぜなら、陸上のジャングルにおける生物量が、一平方メートル当たり数キログラムであるからです。つまり、熱水噴出孔周辺の生物量は、ジャングルの生物量に匹敵します。

これらの動物は、栄養分の乏しい熱水噴出孔周辺で、どのように繁栄に成功したのでしょうか。代表的な動物であるチューブワームを取り上げて、彼らの生活を見てみましょう。

チューブワームの食生活

熱水噴出孔から少し離れた領域に奇妙な生物が定着して生息しています。筒棲管《せいかん》のなかに生息するチューブワーム（ハオリムシ）です。種類によって、その大きさは違いますが、大きいものでは二メートルにもなります。チューブワームは岩に固定された筒のなかで生きて

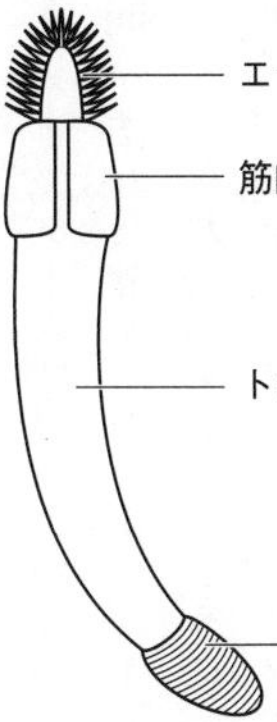

図4-1　チューブワームの模式図
筒（棲管）のなかのチューブワームの全体像を示す。

いるので、移動しません。たとえば、水深二五〇〇メートルのガラパゴスリフトにおいて、巨大なジャイアントチューブワーム（ガラパゴスハオリムシ）が発見されています。リフトとは、海底にある大きな割れ目のことです。ガラパゴスリフトにある熱水噴出孔では、ジャイアントチューブワーム以外にも、大量のシロウリガイが発見されています。

チューブワームは現在、二〇種類ほどが知られています。小さな種類では体長二〇センチメートルのものもありますが、だいたいは体長が一〜二メートルにもなります。彼らの形態は、種が違っても似かよっています。チューブワームの体の先端から房状の赤いエラ、本体を棲管に固定するための筋肉、ソーセージ状のトロフォソーム（栄養体）という順番で形成されています。さらに後端には、種によって違いますが、一〇～一〇〇の体節を持つ尾があります。管のなかに生息しているので、「チューブ」ワームと呼ばれているのです。管のなかに生息する環形動物は他にも存在しますが、ここでは、深海性チューブワームを指して単に「チューブワーム」と呼ぶことにします。ハオリムシという和名は、本体を管に固定する筋肉が羽織のように見えるので、そのように名付けられました。

チューブワームはゴカイの仲間で環形動物ですが、なんと、その成体には、口、消化管、肛門がありません。チューブワームは、一体どのように栄養分を獲得しているのでしょうか。また、硫化水素の害をどのようにして防いでいるのでしょうか。

実は、チューブワームのトロフォソーム細胞のなかには、硫黄酸化細菌が共生細菌として生息しています（細胞内共生）。硫黄酸化細菌は、硫化水素を酸化して得られたエネルギーでATPを合成し、それを用いて、二酸化炭素から炭水化物などの生体有機物を合成して増殖します。要するに、硫黄酸化細菌は硫化水素と酸素があれば生きていけるのです。硫黄酸化細菌が合成した有機物をチューブワームも利用するので、チューブワームは何も食べなくても成長することができるわけです。

チューブワームは、口がなくても、エラから硫化水素や酸素を吸収できます。化学合成独立栄養生物である硫黄酸化細菌を共生させることで、チューブワームは従属栄養生物（動物的生き方）から独立栄養生物（植物的生き方）になったことになります。これは、光合成独立栄養生物であるシアノバクテリアと共生することで、独立栄養生物になった植物とほとんど同じです。貧栄養の深海では、従属栄養では繁栄することが困難なので、植物化の道を選んだのでしょう。

ただし、共生している硫黄酸化細菌の重さがチューブワームの体重の半分近くになるといわれているほど、チューブワームは大量の硫黄酸化細菌を共生させています。植物が共生させている葉緑体はこれほど多くはありません。硫黄酸化細菌による化学合成は、葉緑体による光合成よりも有機物の産生効率が悪いからだと思われます。

実はチューブワームも、幼生のうちは口を持ち、食物を摂取します。ゴカイの幼生に似た形態です。しかし、摂食する必要のない成体になると、口などの消化器官を二次的に失ってしまいます。不必要な器官を形成するためにエネルギーを消費するなんてことは、浪費にすぎないからです。

また、チューブワームの卵のなかには共生細菌が存在しません。つまり、共生細菌はチューブワームの卵に母系遺伝されないのです。そのため、チューブワームは幼生初期に口や消化管を通じて自力で栄養物を取っています。幼生が硫黄酸化細菌を摂食し、それらが共生細菌になっている可能性が高いですが、実際のところはまだよく分かっていません。深海動物の発生を観察するのは、非常に難しい仕事なのです。

スーパーヘモグロビン

消化器官のないチューブワームがどのように栄養を得ているか、その方法をお話ししてきました。もう一つ気になるのは、どのようにして硫化水素の害を免れているのかという点です。

私たちヒトのヘモグロビンでは、一つの結合部位に酸素もしくは硫化水素のどちらかが結合しますが、チューブワームのヘモグロビン分子（スーパーヘモグロビン）は酸素結合部位と硫化水素結合部位が分かれており、酸素と硫化水素を同時に運ぶことができます。チューブワームの共生細菌は、酸素と硫化水素の両方を必要としており、チューブワームのスーパーヘモグロビンはそのことに対応しているのです。チューブワームは熱水噴出孔から少し離れた場所に生息しており、そこには酸素と硫化水素の両方が存在しています。そして、チューブワームの血液はヘモグロビンを含むため、ヒトの血液と同じように赤い色をしています。

深海では酸素量が少ないのではないかと思われがちですが、それは違います。そもそも、二〇℃の海水一リットルに酸素が五・四ミリリットル溶けますが、〇℃の海水一リットルには八ミリリットルの酸素が溶けます。北極や南極では風が強くて海が荒れるので、海水に空気がよく混ざって酸素がよく溶けた海水ができあがります。しかも、この海水は温度が低いので重くなり、海のなかに沈み込んで深層水になります。この極地の深層水は、地球規模で循環しているので、水深一〇〇〇メートルを超える深海では酸素が豊富になるのです。

いっぽう、硫化水素によるチトクロームC酸化酵素の阻害については、チューブワームもヒトの場合と同じように影響を受けます。違う点は、ヒトのヘモグロビンは赤血球内にありますが、チューブワームのスーパーヘモグロビンは赤血球のなかにはなく、血漿中に流れているというところです。そのため、チューブワームの血液が細胞に届くと、細胞内のチトクロームC酸化酵素に結合した硫化水素を、スーパーヘモグロビンがすぐにひきはがしてくれるので、呼吸について問題が生じません。このようなシステムで、チューブワームは硫化水素の存在する環境下で生きていくことができるのです。むしろ、エネルギー獲得の面から見ると、チューブワームは硫化水素がないと生きていけないというべきでしょう。

さて、硫黄酸化細菌にとって、チューブワームの体内に共生することにどのようなメリットがあるのでしょうか。硫黄酸化細菌は、熱水噴出孔周辺でも有機物を産生できる主要な生物です。そのため、硫黄酸化細菌は、他の動物によって常に捕食されています。しかし、チューブワームの体内に共生していれば、硫黄酸化細菌は捕食を免れることができるのです。

消化器官のないチューブワームにとっては、硫黄酸化細菌が体内に生息していないと生きていけません。そのため、チューブワームと硫黄酸化細菌の共生は、チューブワームにとって絶対共生関係になっています。ところが、硫黄酸化細菌の立場から見ると、確かにチューブワームの体内で共生していた場合のほうが安全に増殖できるでしょうが、とはいえ海水中でも十分生きていけます。そのため、硫黄酸化細菌にとって、この共生は任意共生関係です。このように、チューブワームと硫黄酸化細菌の共生においては、共生依存度は同一ではなく、チューブワームのほうがはるかに依存度が高くなっているのです。

冷水湧出帯の生物

もう一つ、深海には、熱水噴出孔周辺以外の生物相が豊かな場所として、冷水湧出帯が存在します。海洋プレートは大陸プレートに比較して重いため、大陸プレートの底に沈み込もうとします。そのため、両者の境界にあたる深海に冷水湧出帯ができます。冷湧水中にメタンは多いのですが、硫化水素は存在しません。ところが不思議なことに、ここ冷水湧出帯に、硫化水素を必要とするシロウリガイや、湧水性のチューブワームが生息しているのです。

シロウリガイは数十種類いて、種によっては殻長が一〇〜三〇センチメートルにもなる大型の二枚貝です。「白い瓜」に似ているので、そのように名付けられました。シロウリガイは冷水湧出帯に生息するものや、ガラパゴスシロウリガイのように熱水噴出孔周辺に生息し

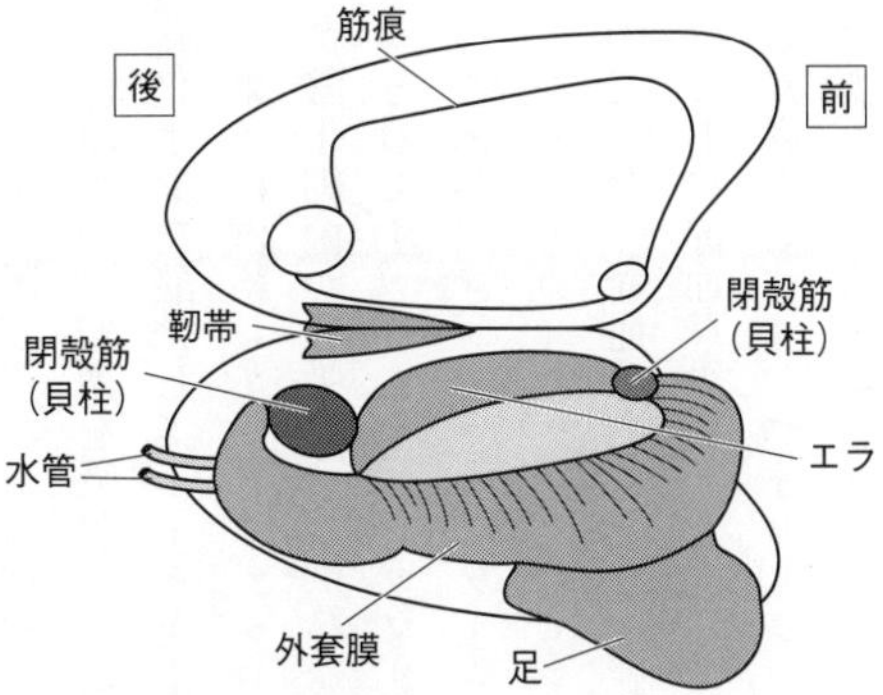

図4-2　シロウリガイの模式図
シロウリガイは前を下にして、堆積物層に突き刺さっている。堆積物層に足を伸ばして硫化水素を吸収する。鰓は海水中の酸素を吸収し、エラに共生している硫黄酸化細菌に供給する。
（蟹江康光〔1998〕「相模湾をしらべる──深海から生まれた三浦半島」16頁図5より引用）

ているものがいます。生息域は、水深三〇〇〜六八〇〇メートルの深海になります。

では、冷水湧出帯でシロウリガイはどのように生きているのでしょうか。冷水湧出帯の海底は一〇〜二〇センチメートルの堆積物層に覆われています。堆積物層の下部には、酸素が存在すると死滅してしまう偏性嫌気性細菌である硫酸塩還元細菌が生息しており、メタンと海水中の硫酸塩から硫化水素を生成しています。そのため、堆積物層の下部では、硫化水素濃度が高くなっています。殻長が一〇センチメートル以下のシロウリガイは殻の大部分を、一〇センチメートル以上のシロウリガイは殻の三分の一程度を堆積物層に突き刺したような状態で生息しており、あまり移動しません。つまり、シロウリガイは自分自身の下の部分を、硫化水素濃度の高い堆積物下部に到達させているのです。

シロウリガイは、堆積物層下部に貝殻から伸ばした足で硫化水素を吸収し、この硫化水素をエラまで運び、エラの細胞内に生息している硫黄酸化細菌に与えています。さらに、エラでは海水中の酸素を吸収し、これも硫黄酸化細菌に与えています。そして、硫黄酸化細菌は硫化水素を酸化してエネルギーを獲得し、そのエネルギーで作られた炭水化物などをシロウリガイに供給しています。シロウリガイの消化器官は退化しており機能していませんが、硫黄酸化細菌から栄養分の供給を受けるので、貧栄養である深海でもシロウリガイは大型化できるのです。つまり、シロウリガイは、硫黄酸化細菌の化学合成によって独立栄養状態を保つことができ、チューブワームと同じように植物化しているといってよいでしょう。

シロウリガイのヘモグロビンは、チューブワームのスーパーヘモグロビンと違って、血漿中ではなく赤血球内にあり、硫化水素が存在すると酸素を運べなくなってしまいます。これはヒトの赤血球の場合と同じです。しかし、血漿中に硫化水素と結合しやすい別のタンパク質が存在します。つまり、シロウリガイの血液は、酸素を赤血球で運び、硫化水素を血漿中にある硫化水素結合タンパク質で別々に運んでいるのです。

また、チトクロームC酸化酵素についても、血漿中に硫化水素結合タンパク質があるので問題が起こりません。チューブワームの場合と同じように、チトクロームC酸化酵素に結合した硫化水素を硫化水素結合タンパク質がひきとってくれるのです。シロウリガイの血液も、ヘモグロビンを含むため真っ赤な色をしています。

シロウリガイの細胞内に共生している硫黄酸化細菌は、細胞分裂タンパク質や外膜タンパク質の遺伝子を失っており、もはや単独では生育できません。そのため、硫黄酸化細菌の生存に必要な物質は、シロウリガイの細胞から供給されています。いっぽう、シロウリガイは、その消化器官が退化してしまっているので、何も食べることができません。そのために、共生細菌を除去すると死滅してしまいます。つまり、シロウリガイと共生硫黄酸化細菌は、互いに絶対共生関係になっているのです。

水深約一〇〇〇メートルの相模湾初島沖や中部沖縄トラフに生息しているシマイシロウリガイの卵では、約四〇〇個の共生細菌が卵細胞膜の外側の卵黄膜のなかに埋まっています。このように、シロウリガイの卵では共生細菌は細胞外共生をしているわけですが、成体でみられるような細胞内共生に移行するプロセスについては、まだよく分かっていません。また、卵から孵化した幼生は深海で泳いでいるわけですが、幼生が硫化水素のない場所でどのようにして栄養分を獲得しているのかも分かっていません。逗子市池子産のシロウリガイの化石は、平塚市博物館や横須賀市自然・人文博物館で展示されています。興味をお持ちの方は、ぜひ行ってみてください。

チューブワームは、冷水湧出帯にも生息しています。彼らはエラを海水中に拡げていますが、そこには硫化水素がほとんどありません。冷水湧出帯に住むメキシコチューブワームでは、堆積物層に埋まった棲管の厚さが薄くなっており、植物の「根」のようになっています。この根を通して、チューブワームが硫化水素を吸収しているという報告があります。まさに、根から必要成分を吸収して、植物のような生活を送っているわけです。また、冷水湧出帯に住む地中海産のサツマハオリムシ類の幼生は、堆積物層の上や成体の棲管に付着することが報告されています。これならば、幼生も硫化水素を取り込むことができるかもしれません。

サツマハオリムシ

チューブワームは一般的に水深二〇〇メートルより深い深海に生息しています。ところが、鹿児島湾のサツマハオリムシは水深八〇〜一一〇メートルと比較的浅い海底に生息しています。サツマハオリムシは鹿児島湾以外の場所にも生息していて、日本では、静岡県沖の水深二七〇メートルの海底や小笠原諸島近くの水深四三〇メートル冷水湧出帯で見つかっています。鹿児島湾のサツマハオリムシの生息場所は例外的に浅い場所なのです。

なぜ、鹿児島湾のサツマハオリムシは、このような浅い海底に生息できるのでしょうか。実は、鹿児島湾の水深八〇〜一一〇メートルのところは、周年水温が一六℃程度で、酸素量も多くなっています。また、サツマハオリムシのコロニー内には弱い火山ガス噴出孔があり、硫化水素をエラで吸収することができます。さらに、サツマハオリムシの管は一メートルくらいありますが、そのうちの七〇～八〇センチメートルは泥のなかに埋まっています。泥のなかには硫酸塩還元細菌がいて、硫化水素濃度が高くなっています。このため、サツマハオリムシは泥のなかの硫化水素も利用できるのです。

ところで、鹿児島湾には、水深二〇〇メートルの海底も存在します。しかし、ここの内湾の海底では、夏場に酸素不足になるので、生物の生息環境としては適していません。いっぽう、静岡県沖の太平洋水深二七〇メートル地点の水温は一二～一七℃で、鹿児島湾水深一〇〇メートル地点の温度に近くなっています。また、この地域（静岡県沖）では海水の流れが早いため、夏場でも酸素不足になりません。当たり前のことですが、サツマハオリムシは、酸素と硫化水素が存在し、水温が適温である生息環境でやっと生きていけるのです。サツマハオリムシの生存に適した環境はそれほど多くはありません。鹿児島湾のサツマハオリムシも、外洋の冷水湧出帯で発生したサツマハオリムシの幼生が、たまたま鹿児島湾に流されてきて、生存に適した環境に住みついたのだと考えられています。

サツマハオリムシは比較的浅い海に生息しているので、採集・飼育や現場観察もよく行われています。鹿児島湾の生息現場で管に色をつけて管の成長速度を確認すると、年に七・二ミリメートルでした。最大の管の長さが一・四メートルになるので、このサツマハオリムシの年齢は、二〇〇歳弱にもなります。一般に、冷水湧出帯のチューブワームの寿命は、環境変化の激しい熱水噴出孔周辺のチューブワームより長くなるようです。

サツマハオリムシの発生もまた観察されています。それによると、サツマハオリムシの幼生には、口や消化管が形成されています。また、幼生の口のまわりに細菌が付着していることが、対象を立体的に見ることができる走査型電子顕微鏡で確認されています。これは細菌を摂食している姿だと考えられています。さらに、幼生の消化管内部に細菌が存在していることが、電子顕微鏡で観察されました。観察された細菌が共生細菌であるかどうかについては明らかではありませんが、共生細菌もまた幼生に摂食されて消化管まで運ばれているのでしょう。しかし、消化管にいる共生細菌が体内に共生するプロセスについて、詳しいことはまだ分かっていません。

なお、いおワールドかごしま水族館や新江ノ島水族館などでは、サツマハオリムシの展示が行われています。

深海動物の共生進化過程

本章の最後に、共生進化の過程を考えてみましょう。チューブワームやシロウリガイは、当初、貧栄養の深海で今よりも小さいサイズで細々と餌を食べて生活をしていたと考えられます。ある時点で、チューブワームはスーパーヘモグロビンを獲得し、シロウリガイは硫化水素結合タンパク質を獲得しました。それによって、共に硫化水素濃度の高い領域に接近できるようになり、硫黄酸化細菌を体内に共生させることにも成功しました。これは、植物が独立栄養を行うシアノバクテリアを共生させ、自身を独立栄養化することに成功した過程によく似ています。葉緑体こそ持っていませんが、チューブワームやシロウリガイは、いわば「植物化」の道を選択したように思われます。

前に述べたように、チューブワームと硫黄酸化細菌の共生の関係性は、チューブワームにとっては絶対共生ですが、硫黄酸化細菌にとっては任意共生になります。それに対して、シロウリガイと硫黄酸化細菌の共生関係は、絶対共生です。チューブワームの場合は、硫黄酸化細菌に文字通り「依存」しているといえますが、シロウリガイの場合は、もはやお互いに欠かせないパートナーだといえるでしょう。

共生進化の過程では、宿主が細菌を食べる→宿主と共生細菌が任意共生になる→片方が任意共生で、もう片方が絶対共生になる（依存関係）→宿主と共生細菌が互いに絶対共生になる（パートナーシップ）というように進化したと思われます。したがって、シロウリガイの共生状態は、チューブワームのそれよりも進化したものだといえるのです。

コラム3
シロアリ塚巨大化の謎

アフリカ、オーストラリア、ブラジルなどの熱帯地方の草原では、高さ五メートルを越すシロアリ塚が存在していて、そのなかで一〇〇万〜三〇〇万匹ものシロアリが暮らしています。体長五ミリメートル程度の小さな昆虫が、泥、噛み潰した木、唾液、糞などを利用して、人間以外の動物界で最大の建造物であるシロアリ塚を作り上げているのです。このような巨大な建造物を作り出すエネルギーを、シロアリはどこから獲得しているのでしょうか。

シロアリは枯れ草や枯れ木を食料としますが、これらの大部分は細胞壁成分です。これは、セルロース（ブドウ糖の重合体）が約五〇パーセント、ヘミセルロースが二〇パーセント、リグニンが二〇パーセントを占めています。シロアリが産生するセルラーゼ（セルロース分解酵素）だけでは、セルロースを十分に分解できません。そのため、腸内共生体が作り出すセルラーゼを利用しています。それによって、枯れ草や枯れ木のような貧栄養の食材から、なんとかエネルギーを獲得しているのです。

シロアリは、下等シロアリと高等シロアリに分けられます。下等シロアリは後腸に原生動物と細菌を共生させていますが、高等シロアリの後腸には細菌だけが共生しています。このことが両者の大きな違いになっています。

下等シロアリの腸内共生

下等シロアリは、例外もありますが、おおむね土のなかおよび乾いた材木や湿った材木のなかに巣を作ります。日本の代表種であるヤマトシロアリやイエシロアリも下等シロアリです。

シロアリの消化管は、前腸（外胚葉起源）、中腸（中胚葉起源）、後腸（外胚葉起源）に分かれています。後腸は完全に嫌気的ですが、前腸や中腸はいくらか酸素が存在します。下等シロアリの後腸には、十数種の鞭毛虫類や数百種の嫌気性細菌が共生しています。そこに生息する鞭毛虫はミトコンドリアを二次的に失くしており、酸素呼吸ができません。そのため、これらの腸内微生物をシロアリの腸の外に出すと死んでしまいます。下等シロアリの腸内原生動物は、ほかにはキゴキブリ（ゴキブリの祖先種に近い種類）の腸内だけで見つかっており、それら以外の場所で生息している例は全く知られていません。

下等シロアリは、唾液腺からセルラーゼを分泌し、セルロースを部分的に分解し、さらにこれを唾液腺から分泌されるβ-グリコシダーゼでブドウ糖まで分解したうえで吸収します。しかし、自分が分泌する消化酵素だけでは不十分で、大部分のセルロースは未消化のままです。未消化の材木片は後腸に運ばれ、そこでシロアリ唾液腺のものとは別のタイプの原生動物由来セルラーゼによって分解をうけ、酢酸と二酸化炭素と水素に分解されます。さらに、後腸に共生している酢酸生成スピロヘータ（真正細菌）が二酸化炭素と水素から酢酸塩を生成し、これらの酢酸塩もまたシロアリの栄養になります。スピロヘータは水素発生源である原生動物に付着しています。

また、後腸には窒素固定細菌が共生しており、窒素固定細菌が産生したアンモニアはシロアリにとって重要な窒素栄養源になります。それによって、枯れ木に含まれている窒素量は〇・〇四〜〇・三パーセントにすぎないにもかかわらず、下等シロアリの体には四〜一〇パーセントの窒素量が含まれています。

下等シロアリの後腸には十数種の原生動物（原虫）、数百種の真正細菌（バクテリア）、数種の古細菌（アーキア）が混住し、複雑に共生しています。たとえば、ヤマトシロアリの後腸に共生している原生動物の細胞のなかには、ある種の真正細菌が共生しています。この細菌のゲノムはかなり縮小しており、生存に必要な遺伝子群も欠落しています。この細菌は、共生細菌として原生動物から糖分やグルタミンの供給を受け、原生動物にはアミノ酸を供給しているのです。

このように、原生動物と共生細菌は相互依存的であり、絶対共生関係になっています。ところが、宿主の原生動物は、最終的に共生細菌を消化してしまうと考えられています。そうすると、宿主原生動物と共生細菌の関係は、単なる共生関係ではなく、原生動物が共生細菌を「飼育」していることになるでしょう。

話をまとめると、下等シロアリは、セルロース分解について鞭毛虫類の手助けを受けています。さらに、スピロヘータから酢酸塩、窒素固定細菌からアンモニア、共生細菌を持っている原生動物からアミノ酸の供与を受けています。

これらの共生微生物を除去するとシロアリは死んでしまいますし、シロアリの体内から取り出されると共生微生物も死んでしまいます。下等シロアリといえども、後腸には腸内微生物の共生関係が存在するだけでなく、原生動物、真正細菌、古細菌などがひしめきあう、非常に複雑な共生ネットワークが形成されているのです。

シロアリの肛門食

昆虫の脱皮は、古い外胚葉を捨てる作業です。シロアリは脱皮の際に、外胚葉由来の前腸と後腸内皮を捨てます（中腸内皮は中胚葉由来なので捨てません）。すなわち、共生微生物を失ってしまうのです。また、若齢幼虫の消化管内にも、共生微生物はあまりいません。

それではどうするかというと、彼らは他の個体の後腸排泄物である糞を食べて、共生微生物を獲得します。これを「肛門食」といいます。シロアリは、脱皮の直後でなくとも、未消化のセルロースや共生微生物を含む糞を排出しています。また、働きアリどうしで、吐き戻し物や後腸排泄物を交換したりします。このような部分消化物の受け渡しを「栄養交換」と呼びます。

高等シロアリの腸内共生

高等シロアリは、共生鞭毛虫を持ちませんが、中腸と後腸の複合部および後腸に、細菌を共生させています。これらの細菌が、先述したセルロース分解酵素であるセルラーゼを分泌します。高等シロアリであるタカサゴシロアリでは、後腸のスピロヘータのキシラナーゼ遺伝子が活躍します。キシラナーゼは、ヘミセルロースを分解するのです。高等シロアリには水素を放出する原生動物が共生していないので、スピロヘータは役割を変えました。

スピロヘータのキシラナーゼ遺伝子は、もともと、スピロヘータの遺伝子ではありません。高等シロアリ祖先種の腸内にいた共生細菌のキシラナーゼ遺伝子がスピロヘータに移行（水平伝播）したと考えられています。高等シロアリと後腸共生細菌の関係も、絶対共生関係になっています。

高等シロアリのなかに、シロアリタケ属のキノコを栽培するキノコシロアリがいます。キノコシロアリは、後腸排泄物を用いて菌園を作ります。菌園のなかでも、白い球形の菌毬《きんきゅう》はアミノ酸含有量が高く、これが働きアリから女王アリなどに口移しで渡されます。これは、多量の卵を毎日産まなければいけない女王アリにとって、ありがたい食材になっています。窒素化合物の含有量を比較してみると、枯れ木が〇・三パーセント以下、落葉が一・三パーセント、菌園が一・六パーセント、菌毬が七・五パーセント、キノコシロアリの体が一一パーセントとなっており、窒素化合物が濃縮していく様子がよく分かります。

第五章

昆虫と植物の華麗な騙し合い

——Win-Win関係の裏側

綺麗な花は広告塔

春になると、あちこちの里や野原で、チョウやハチが花と戯れているのが見られます。競うように咲き誇る花のなかをチョウが舞い、ハチが飛びかう情景は春そのものです。チョウやハチだけではなく、多くの昆虫は花ととても仲が良いように見えます。もちろん、チョウやハチは花の蜜を吸うために、花は花粉を運んでもらうために、という各々の目的があるのですが、お互いにWin-Winの関係に見えます。でも、本当にそうでしょうか。ここでは、利己的とも利他的とも言いがたい、植物と昆虫の共生関係を見てみましょう。

地面から動けない植物にとって、動ける者を利用することには様々なメリットがあります。数ある動物のなかでも、特に昆虫との関係は重要です。植物がいつから昆虫を利用してきたかは定かではありませんが、昆虫を利用して花粉を運んでもらうように進化してきたことは間違いありません。花は、葉の先端が形態的に変化したものです。最初の花は、風によって花粉を飛ばすマツやスギなどの裸子植物を中心にした風媒花でした。その構造はというと、花弁（花びら）もなく、単なる雄しべと雌しべによる交配器官だけだったのです。

スギ花粉というと、花粉症を思い浮かべる人も多いでしょう。マツやスギは大量の花粉を作って風に乗せて飛ばさなければ受粉できないので、花粉症の大きな原因となっています。スギの一つの花でさえ一万三〇〇〇個の花粉を作るといわれていますから、スギ林全体から出る花粉の数はおびただしい数です。

そのように大量の花粉を作るのに、負担はないのでしょうか。実のところ、風に乗せる方法は植物にとっても大変で、エネルギー効率が悪いやり方です。そこで、植物はもっと効率良く花粉を運ぶ方法はないかと考え、利用したのが昆虫です。そして、昆虫を誘惑するために甘い蜜を用意し、「ここにおいしい蜜があるよ」と宣伝するため、今、私たちが目にする色鮮やかな花を作り、おまけに昆虫に好まれる香りまで発散させるようになったのです。

花の形は昆虫次第

私たちが一般に「花」と呼ぶ器官を持つ被子植物がこの世に現れたのは、一億三〇〇〇年ほど前の白亜紀のことです。花は骨などと違って繊細なので、その化石は見つからないだろうといわれていましたが、予想を覆して、一九八一年にスウェーデン南部の白亜紀の地層から花の形を保存している化石が発見されました。昆虫と花の共生関係が生じたのは、この白亜紀以降と考えられています。

白亜紀の末期には、恐竜が滅亡しています。恐竜が滅亡するのに伴い、多くの小動物が活発な進化をはじめ、昆虫も多くの種が進化してきました。そのころ、被子植物が現れてきたのですが、最初の被子植物の花の形は平たい皿やお椀のような形で、昆虫が舞い降りて停まれるような構造でした。大きなビルの屋上にヘリコプターが舞い降りるヘリポートがあることがありますが、似たような形状です。

最初の花はどうしてそのような形をとったのでしょうか。そのころの被子植物は、甲虫類に花粉の運搬をゆだねていました。甲虫は、昆虫の進化のなかではチョウやハチよりも早く出現した昆虫です。甲虫が出現した当時、他の昆虫はまだあまりいませんでした。甲虫というと、カブトムシやクワガタムシなどを思い浮かべますが、ご存じのように、カブトムシはあまり遠くまで飛ぶことができません。甲虫は前翅が硬くなって体を保護しており、後翅だけで飛ぶので、遠くには飛べないのです。しかも、降りるときはストーンと落ちるように着地します。

甲虫が相手ならば、花も甲虫が降りやすい構造を取る必要があります。そこで、上向きで大きく平たいヘリポートみたいな形を作ったわけです。このような花の形を「重合型」といいます。現在見られるこのタイプの花は、モクレンの仲間でコブシやホオノキ、タイサンボクの花があります。蜜や花粉を食べにくる甲虫としては、ハナムグリが知られています。カブトムシはというと、実際は花に来ることはなく、もっぱらクヌギの樹液を吸っているようです。

昆虫が進化して、チョウやハチ、他にもハエやハナアブなどが現れはじめると、花は大きな変化を見せます。花にとって、甲虫はハチなどにくらべて記憶力も悪く、訪れてくれることも少ないという不満がありました。そこで、ミツバチなどもっと賢い昆虫が現れてくると、それらを利用するようになります。ミツバチには、8の字ダンスなどで花の蜜の在りかを仲間に教える高度なコミュニケーション能力があり、しかも飛行距離が格段に長いので、花にとって大きなメリットを持っています。昆虫が進化し、様々なタイプの昆虫が現れるにしたがって、花もそれに合わせるように進化して、次々と形を変えていきました。

重合型の花では、花弁の数は一定ではありませんでしたが、進化した花は花弁の数を一定にした「定数型」となります。この形は、花弁を作るエネルギーを節約できるのが利点です。さらに蜜という究極の餌を作り、昆虫を惹きつけるように進化しました。平面だった花の形も、花弁の一部が融合して、立体になったものが登場してきます。たとえばリンドウやホタルブクロは、奥行きのある釣り鐘状の花を作り、昆虫を花の奥にまで侵入させるように仕向けました。そうすると、昆虫は奥底にある花の蜜を得るために必死になって潜りこむので、植物としては昆虫の背や腹に花粉を沢山付けることができます。同様に、アサガオやツツジはロート（漏斗）状の形を取りました。

さらにハナショウブやスミレは、蜜のある在りかを示す蜜標も用意しました。これらの花は、人が口を開けたときの喉《のど》の形に似ているので、「喉状花」といいます。レンゲやエンドウなどのマメ科の花は喉状花と似ていますが、上方の花びらが旗に似ていることから「旗状花」と呼ばれています。また、花の形を細長い筒状にして管のようにしたものも現れました。これを「筒状花」といいます。筒状花の典型的な花というと、キク科の花があります。筒状の花のうち、特に長い筒状突起のものを距《きょ》といい、スミレやランなどに見られます。これらの花を訪れる昆虫は、細長い筒のなかに体を入れることはできません。そこで、口の形を長くして（口吻《こうふん》を作って）、筒のなかに口吻だけを入れられるようにしました。

花も昆虫も相手を選ぶ

こうなると、昆虫のほうも全ての花に対応できず、自分に合った花の形のものを選ぶようになります。立体型の花では、距の奥に届く口吻の長い昆虫しか対応できず、口吻の短いハエやハナアブは蜜を吸うことはできません。また、ランなどの花では左右相称型になり、横向きに咲くものが現れます。このような花では、ハナバチなどの送粉者の体をすっぽりと花のなかに入れさせて、花粉が体の一定の場所に付くようにしました。

花が進化する過程では、原始的な花が一直線上に進化して形を変えていったのではなく、様々な方向に放射状に進化した花の形が、色々な形態や特徴を持つ昆虫に出会って、より繁殖力を増したものが生き残り、進化していったと考えられています。花の形が多様になり、昆虫の種類も増えると、花はお気に入りの昆虫を選び、一対一の特別な関係を結ぶようになっていきます。

花と昆虫は本当に仲が良いのか？

こうしてみると、花と昆虫はお互いに利他的で、仲が良さそうに見えます。しかし、決して安穏な関係ではありません。というのも、両者の目的が異なるからです。花は甘い蜜や栄養豊富な花粉を用意して昆虫の訪花を待ちますが、その目的はあくまでも花粉を運んでもらうためです。しかし、昆虫にとってはそれはどうでもいいことで、花の蜜や花粉さえ頂ければよいわけですから、なるべく楽して蜜や花粉を得ようとしますし、事実、そのように進化してきました。いっぽう花にとっては、ただで蜜をあげて、逃げられたら元も子もありません。そこで、花は昆虫の身体に花粉を付けるように様々な工夫をしてきたのです。

筒状花のように、蜜を奥深く用意し、昆虫に潜り込ませるときに花粉を付けるという工夫もそうです。ホタルブクロの花は筒状花で下向きに垂れて咲き、昆虫は花被《かひ》の内側の粗い毛を足場にして潜り込みます。雌しべの先（柱頭）には、開花前に成熟した雄しべの花粉がたっぷり塗り付けられていて、昆虫が潜り込むと背中に花粉が塗りたくられます。でも雌しべの柱頭に花粉が最初から付いていたら、自分の花粉で受粉してしまうのではないかと思われるでしょうが、そこは上手くできています。雄性先熟《ゆうせいせんじゅく》といって、雌しべが成熟して受精可能になる前に雄しべ（雄性）だけが先に成熟して受精能力がある花粉を作るので、自分の花粉では受精しない仕組みになっているのです。

オオイヌフグリの花では、花を支える柄が弱い構造になっていて、花が傾いて咲いています。昆虫は花から落ちないように雄しべにしがみつくので、このとき、花粉が昆虫の身体に多量に付きます。ユリの仲間では花粉の付いた長い雄しべがあり、雌しべの先にある葯《やく》が花から飛び出しています。チョウは長い口吻を持っているので、花粉に触れずに蜜だけ盗もうとしますが、花に停まると葯が揺れて花粉がチョウの身体にまとわりつきます。

活け花をされた方はご存じでしょうが、ユリの花粉は衣服に付くとなかなか取れません。花粉の表面に粘液物質や突起物があり、昆虫の毛などに付着しやすい構造をしているからです。昆虫もいったん花粉を身体に付けたら払い落とせず、そのまま同種のユリの花に向かっていくので、ユリは目的を果たせるのです。

偽物を作って騙《だま》す作戦を取る花もあります。ツユクサの花には三本の雄しべがあり、その先端に目立つ黄色い葯があります。しかし、この葯は偽物で、葯の黄色いものは実は生殖能力を持った花粉ではありません。本物の花粉を持つ葯は、柄の長い雄しべだけなのです。

花粉を作るのには栄養分が多量に必要です。多量に作っても食べられてしまうだけでは、そのコストが無駄になってしまいます。そこで、ツユクサは花粉を少なくし、同時に成熟した花粉を多く持つように見せかけた〝偽の葯〟を作って、昆虫を惹き寄せているのです。

この騙す作戦を取る花で、もっと巧妙な花もいます。ハンマーオーキッドというオーストラリアの花で、媒介してくれるジガバチの雌と似た構造を作り、雌が出す匂いまで発するのです。そうすると、匂いに釣られ雄のジガバチがやってきて、花にマウンティングして交尾しようとします。そのときに柄が引っくり返り、ジガバチは花粉を持った花被に叩きつけられ、体に花粉が大量に付けられます。以前、オーストラリアの国際学会に出かけたおりに、西部のパースでハンマーオーキッドを見たことがあります。非常に小さい花で、ルーペを使わないとその構造がよく分かりませんが、ハンマーに当たる部分に軽く指を触れると、確かに柄の部分が一瞬で引っくり返ります。面白いので、見つけては触って試してみました。花には無駄なことをして申し訳なかったのですが。

昆虫の対抗術

いっぽう、昆虫のほうも負けてはいません。チョウやガは細長い口吻を発達させて、雄しべに触れずに花の細い隙間に差し込んで、奥にある蜜だけを取ろうとします。スズメガは、花には停まらずホバリング（空中停止飛行）して、身体を雄しべに触れずに蜜だけ取ろうとします。昆虫ではありませんが、ハチドリもホバリングすることで有名ですね。

もっと強引に蜜を取るものもいます。クマバチやオオマルハナバチです。彼らの口吻は短く花の奥にある蜜腺に届かないので、口吻ではとても蜜は吸えません。そこで花の蜜のある部分を外から齧《かじ》って穴をあけ、蜜だけ盗むのです。むりやり盗むのですから、花にとってはたまったものではありません。これを「盗蜜」といいます。しかも、ひとたび穴が開けられてしまうと、クマバチだけでなくアリなどが入ってきて、蜜を持っていきます。これを二次盗蜜といいます。花にとっては散々です。これを防ぐために、花の下部を被っているガクを強固にすることで盗蜜を防ごうという花も出てきます。まさに攻防戦です。花も昆虫もできるだけエネルギーを使わず目的を果たそうとするため、こうした騙し合いや攻防戦が生じるのです。仲良く共存している関係に見えた花と昆虫の関係も、実は意外と利己的なものなのです。

このようにして、花も昆虫も自分の利益を最大限にするために進化し、お互いに形を変化させていきました。変化の代表的なものは、昆虫の口吻の長さと花の距の長さです。昆虫は花粉を付けずに蜜だけ取ろうとします。そのためには、口吻を距の長さより少し長くすれば、花粉を付けることなく蜜が取れます。そうすると、口吻の長さがより長いほうが有利になって、進化の過程で口吻の長い個体が増えていきます。いっぽう、花のほうも蜜だけ取られたら子孫を残せないので、花粉を付けられるように距の長さをさらに長く伸ばそうとします。

マダガスカルには、ダーウィンのラン（学名アングレクム・セスキペダーレ）という名前のランがあります。このランの距の長さは、実に三〇センチメートルもの長いものです。距を持つ花は、日本でもスミレやツリフネソウなどがありますが、これほど長いものは世界のランのなかでも珍しいものです。このランがイギリスのキュー植物園に持って来られたとき、それを見たダーウィンは、この距の長さに対応する長さの口吻を持つ昆虫がいるに違いないと予言しました。そしてダーウィンの死後二一年経って、キサントパンスズメガという時計のゼンマイのように長い口吻を巻いた昆虫が、マダガスカルで発見されたのです。当時ダーウィンはすでに世を去っていましたが、この口吻は三〇センチメートル以上の長さで、予言がまさに的中したことに人々は驚きました。

このように花と昆虫の関係では、お互いがその器官を自分に都合のよいように共に進化さ

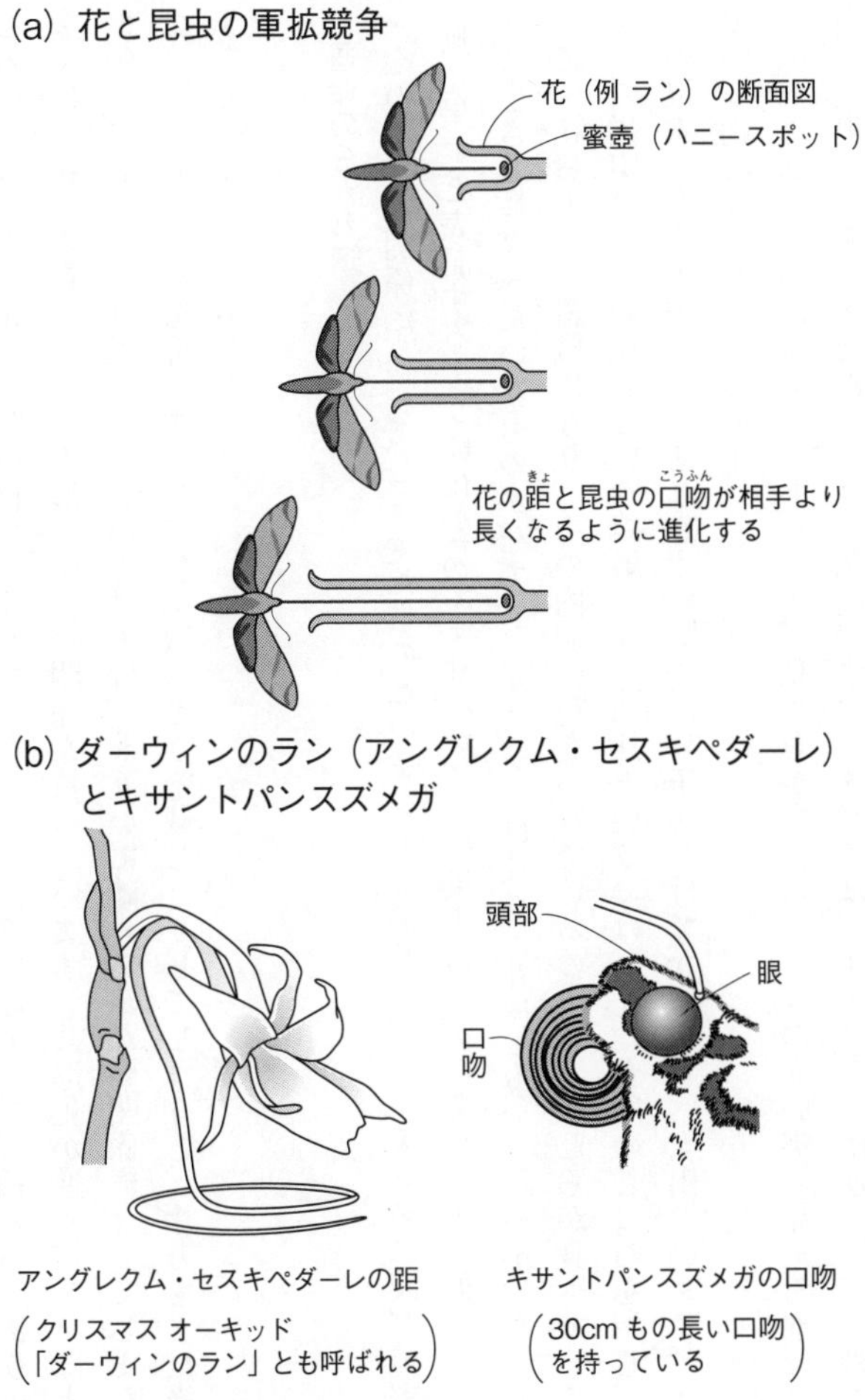

図5-1a　花と昆虫の軍拡競争
図5-1b　ダーウィンのランとキサントパンスズメガ

せるので、この進化を「共進化」と呼んでいます。ランは地球上に二万種くらいあり、その多くは訪花する昆虫の口吻の形と密接な関係を持っています。共進化が進み、ランは大いに繁栄しましたが、共進化のこわいところは、お互いに離れられない関係になってしまうことです。どちらかが環境破壊などで数が減ったり絶滅したりしてしまうと、片方もまた絶滅せざるをえなくなるからです。

運命の分かれ道

そのような関係になってしまったものにイチジクがあります。イチジクは漢字で表すと「無花果」と表記するように花が見えませんが、花は果実のなかにあります。果実のなかにある小さな粒々みたいなものが花です。イチジクは花托《かたく》（花床ともいう）の部分がせりあがって、花嚢《かのう》という組織になり、その内側に花をつけているのです。私たちが食べているイチジクの果実は、この花嚢という組織です。花托というのは、花の台座のところを指し、雌しべの根本にある子房の下にあります。そこから子房だけでなく雄しべも出ています。活け花でいう剣山《けんざん》のようなものです。

似たようなものにイチゴがあります。私たちが食べるイチゴの赤い実に見える部分は、本当の果実ではありません。これも花托です。イチゴでは、イチジクとは逆に果実が外に出る

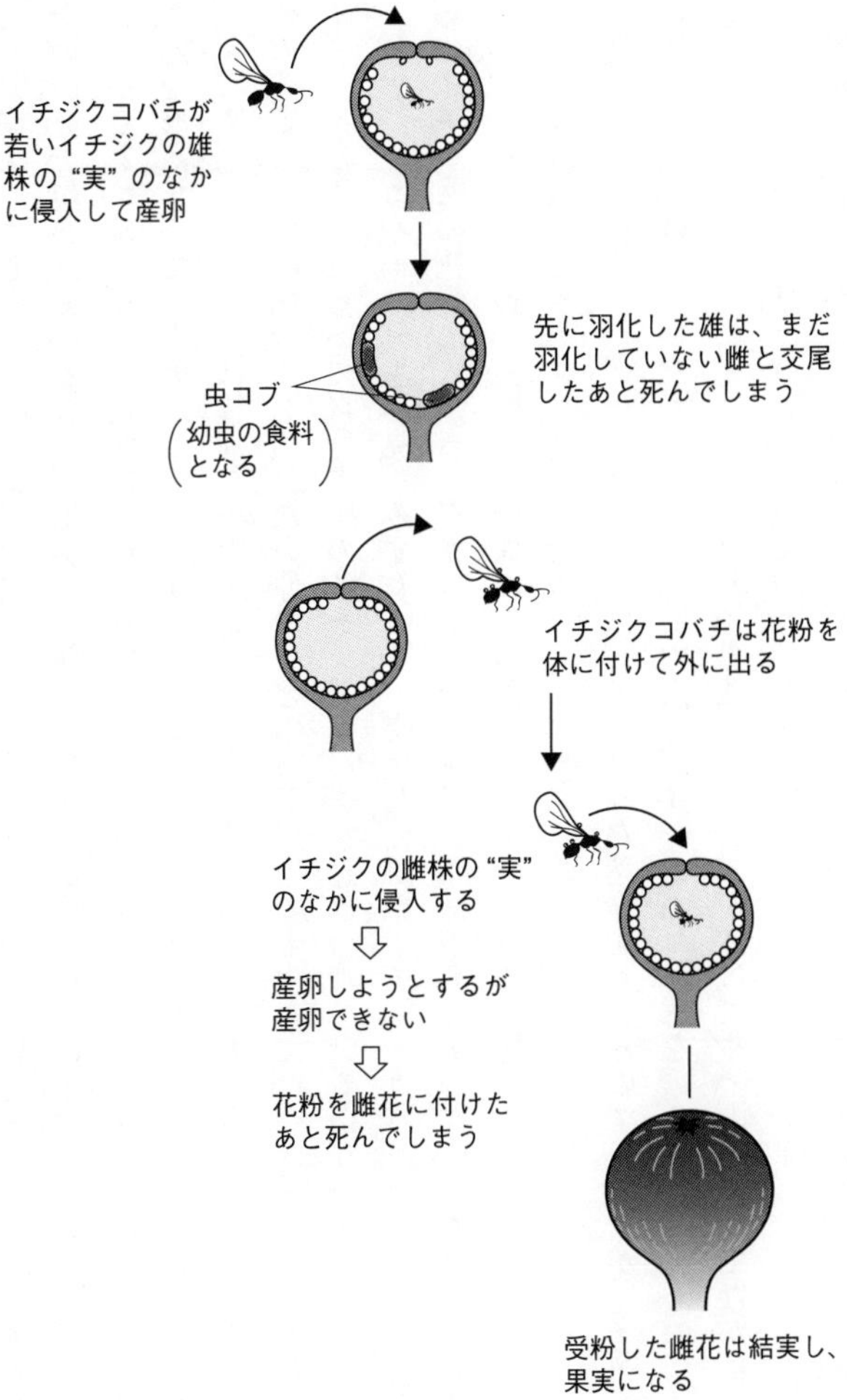

イチジクコバチが若いイチジクの雄株の“実”のなかに侵入して産卵
先に羽化した雄は、まだ羽化していない雌と交尾したあと死んでしまう
虫コブ
（幼虫の食料となる）
イチジクコバチは花粉を体に付けて外に出る
イチジクの雌株の“実”のなかに侵入する
産卵しようとするが産卵できない
花粉を雌花に付けたあと死んでしまう
受粉した雌花は結実し、果実になる

図5-2　イチジクの受粉　巧妙な戦略

ように肥大しました。実際の果実は表面にある粒々です。種子に見えますが、うっすらと果実の成分で包まれているので、果実の一種である痩果《そうか》と呼ばれています。

イチジクでは、花托に花が包み込まれてしまい、見えなくなってしまいました。どうしてこんな形になってしまったのでしょう。それはイチジク独自の子孫の増やし方と関連しています。実はイチジクには特別な相手がいるのです。イチジクコバチという特殊なハチです。この両者の関係は切っても切れない仲で、どちらが欠けても生きてはいけません。そして、イチジクの仲間は匂いで自分専属のイチジクコバチを惹きつけているようです。

イチジクコバチの一生を見てみましょう。交尾した雌のイチジクコバチは産卵の場所を求めてイチジクの花嚢に入っていきますが、その花嚢が雌株のものか雄株のものかで大きく運命が分かれます。運が良いのは雄株に入ったイチジクコバチで、悪いくじを引いてしまったのが雌株に入ったイチジクコバチです。

運よく雄株に入ったイチジクコバチは、どのような運命をたどるのでしょうか。イチジクの実の中央には小さい穴があります。この穴は、イチジクコバチを入れるためのものです。しかし穴は小さいので、イチジクコバチの雌は強引に穴を拡げてやっとの思いでなかに入り、そのとき、自身の翅《はね》はほとんど全て取れてしまいます。

雄株の花嚢のなかに入ると、イチジクコバチは雌花の一つひとつに産卵します。雄株のなかに雌花があるの？　と不思議に思われるかもしれませんが、実は、この雌花は生殖能力がない偽物です。形が雌花に似ているだけで、いわばダミーです。イチジクコバチは、この花の雌しべの花柱に産卵管を挿入して産卵します。そうすると、花柱の根元にある子房が大きくなり、虫こぶ（ゴール）に変化します。

この虫こぶは、産まれた幼虫の食料でもあり、ベッドとしても機能します。いわば保育器のなかでミルクを飲みながら幼虫が育つ感じで、とても恵まれた環境です。そして、産卵し終えた雌は役目を終えたので、死んでしまいます。鮭の産卵のようなものです。

いっぽう、幼虫はすくすく育っていきます。幼虫のうち雄は雌よりも早く成長し、蛹《さなぎ》を経て成虫になって虫こぶから出てきます。しかし、雌はまだ羽化していない状態で、自力では出てこられません。この状況は、雄が自由に行動できるにもかかわらず、雌はいまだ自由に行動できる力を持っていないことを意味します。

自由になった雄は、雌が入っている虫こぶを見つけると、穴を開けて次々と交尾します。雌は動けないのでされるがままです。一見、雄のやりたい放題に見えますが、雄の役割はこれで終わりです。つまり、交尾することだけが使命なので、役目を終えるともう用済み。あとは死んでいくだけです。なんと儚《はかな》い一生でしょう。そのため、雄の成虫は羽も持っていません。必要ないからです。雌はその後、雄が作った穴からようやく出てきます。そして、雌はイチジクの花嚢から穴（入口）を通り、外界に出て飛び立っていきます。そのとき、花粉を多量に腹に付けていきます。

外界に出た雌は、若いイチジクの実を見つけると、そのなかに入って産卵します。これを繰り返していくのです。花嚢は成熟するにつれて穴が大きくなるので、出るときに翅が取れることはありません。イチジクにしてみれば、ハチを入れる際には、容易に出させないように翅が取れてしまうほどの狭い穴の構造にして、反対に、花粉を付け終えた子バチには花粉を運ばせるために穴を大きくし出やすくしているわけです。ただ、穴の狭いままのイチジクの仲間もあります。ハマイヌビワでは穴が狭いので、新たな穴を花嚢のなかから作って脱出します。このとき、穴を作るのは雄の仕事です。

イチジクの巧妙な戦略

いっぽう、雌花に入ったイチジクコバチの雌はどうなったのでしょうか。雌花に入った雌は、産卵しようと花柱に産卵管を突き刺します。ところが、雄花のダミーの花柱と違い、こちらの花柱は長くて産卵管が子房にまで届きません。そのため、子房は虫こぶに変化することはありません。そうなると、ハチは幼虫を育てることができなくなります。雌は何度も産卵管が届くような短い花柱を探して動き回りますが、見つけることはできません。それならば外に出て他の花を探そうと思っても、もはや入るときに翅を全てもぎ取られているので、外界に出ることもできません。にっちもさっちもいかない絶望的な状況といえます。そして、最後には力尽きて死んでしまいます。結局、雄花に運よく入れたイチジクコバチだけが、自らの子孫を残し生命をつないでいけるのです。

それでは、雌花に入ったイチジクコバチは無駄死になのでしょうか。残酷なようですが、イチジクコバチにとってはその通りです。しかし、自然界にとっては意味のある出来事です。先ほど、雄花では交尾した雌が果実から出てくると述べました。そこが重要なところです。成虫となって羽化した雌は、穴から出ようとしてイチジクの実のなかを動き回ります。そのとき、大量の花粉が身体にまとわりつきます。なぜなら雄花ですから、雌しべはダミーでも雄しべは正常で、ちゃんと花粉を作ります。

こうして花粉を大量に体に付けた雌バチが雄花から飛び立ち、イチジクの雌花に入ったわけです。すると、こちらの雌しべはダミーではなく正常なので、受粉して果実をつけます。雌花に入ったイチジクコバチは死にましたが、イチジクは結実したのです。子孫を残すというイチジクの目的は達成されました。イチジクにとっては、こちらのほうが重要なのです。

結実した果実は動物たちに食べられ、糞を通して種子が他の場所に運ばれ、その場所でイチジクの子孫が新たに生えてきます。こうしてみると、イチジクは子孫を増やすために、イチジクコバチを上手に飼育しているといっても過言ではありません。イチジクとイチジクコバチの関係は、お互いに相手を利用して発達し、その結果、適応したものだけが生き残るという進化を遂げていきました。このように特別な関係になると、もはや他の方法で子孫を作ることができず、一方が絶滅すると、他方も絶滅してしまうことになります。ランの共進化と同様、お互いが命綱なのです。

イチジクとイチジクコバチの研究は主にヨーロッパで行われており、イチジクにはイチジクコバチが入っているといって食べない人もいるようです。ちなみに我々が目にするスーパーなどで販売されているイチジクは、虫を媒介としないで結実する栽培種ですので、コバチは入っていません。ビーガンの人でも安心して食べられますので、念のため。

日本では沖縄など温かい地域に生えているイヌビワとイヌビワコバチの調査が進んでいます。イヌビワといってもビワではなく、イチジクの野生種です。見かけがビワに似ていて、味はビワよりまずいので、イヌビワと呼ばれています(イチジクもビワも同じような実の形をしていますから、昔の人は同一種のように思っていたのかもしれません)。

アリの住まいを提供する植物

送粉以外でも、昆虫と植物には密接な関係を持つ例があります。今度はアリと植物の助け合いを紹介しましょう。アリは陸上の生態系で非常に繁栄している昆虫です。特に、熱帯のアリはヒアリのように攻撃性が強いことで知られています。このアリを上手に飼いならして共生している植物があります。「アリ植物」といわれる植物です。この呼称は特に分類学的に区別したものではありません。主に熱帯に見られますが、様々な種類のものがあり、七〇〇種以上の植物が知られています。

アカシア属（マメ科）やオオバギ類（トウダイグサ科）、トウサンゴヤシ属（ヤシ科）などの植物が多く、アリに住処《すみか》を提供したり、蜜腺から蜜を出して提供したりするものがあります。どんな住処かというと、肥大した茎に巣のような空洞をこしらえたり、葉が膨らんでいたりとその形態は様々で、しかも、この住処はアリが植物に穴を空けて作るのではなく、植物自体が空洞を作ってアリに提供しているのです。

そうまでして、アリ植物はアリに何の見返りを求めているのでしょうか。まず、種子の運び屋として利用しています。アリを利用するために、スミレやカタクリの仲間は、アリの好きそうな甘い化合物（エライオソーム）で種子を覆っています。種子の外側を砂糖でコーティングするようなものです。アリは餌に釣られてエライオソームを巣に持ち帰りますが、甘い化合物は食べても、種子は食べられません。そこで、食べ終わると巣の奥や外に捨ててしまいます。そのため、種子は巣の近くで発芽することができるわけです。つまり、植物のほうはわざわざエライオソームという甘いお菓子を作って、アリに種子を運ばせているのです。エライオソームの甘い化合物は、脂肪酸やアミノ酸、糖などで作られたものです。植物にとっては栄養分を分け与えることになり、それ自体は損失ですが、いわば、種子を運ばせるためのお駄賃です。この共生関係は、種子散布型の共生といいます。

栄養共生型のタイプもあります。大きな木の枝の付け根の窪みに生えているランのような着生植物は直接、地面から栄養成分を吸収することができません。そこで、自らの一部にアリを住まわせ、アリの排泄物や、アリが食べた昆虫の死骸などを栄養成分として吸収するのです。動物を栄養源とするところは食虫植物と似ています。このような例は、アリノストリデやアリノスダマシ（アカネ科）で見られています。両方とも大きな木の上に着生している植物です。

アリのガードマン

アリが植物を守るタイプもご紹介しましょう。つまり、ガードマンです。アリに蜜や栄養分という報酬を与える代わりに、植物に食害をなす生物から植物自身を守る傭兵として雇う関係です。この防衛共生型では、アリとアリ植物のあいだの種特異性が高く、各々が専属のガードマンを持っています。代表的な例として、アリアカシアというマメ科の植物がありま

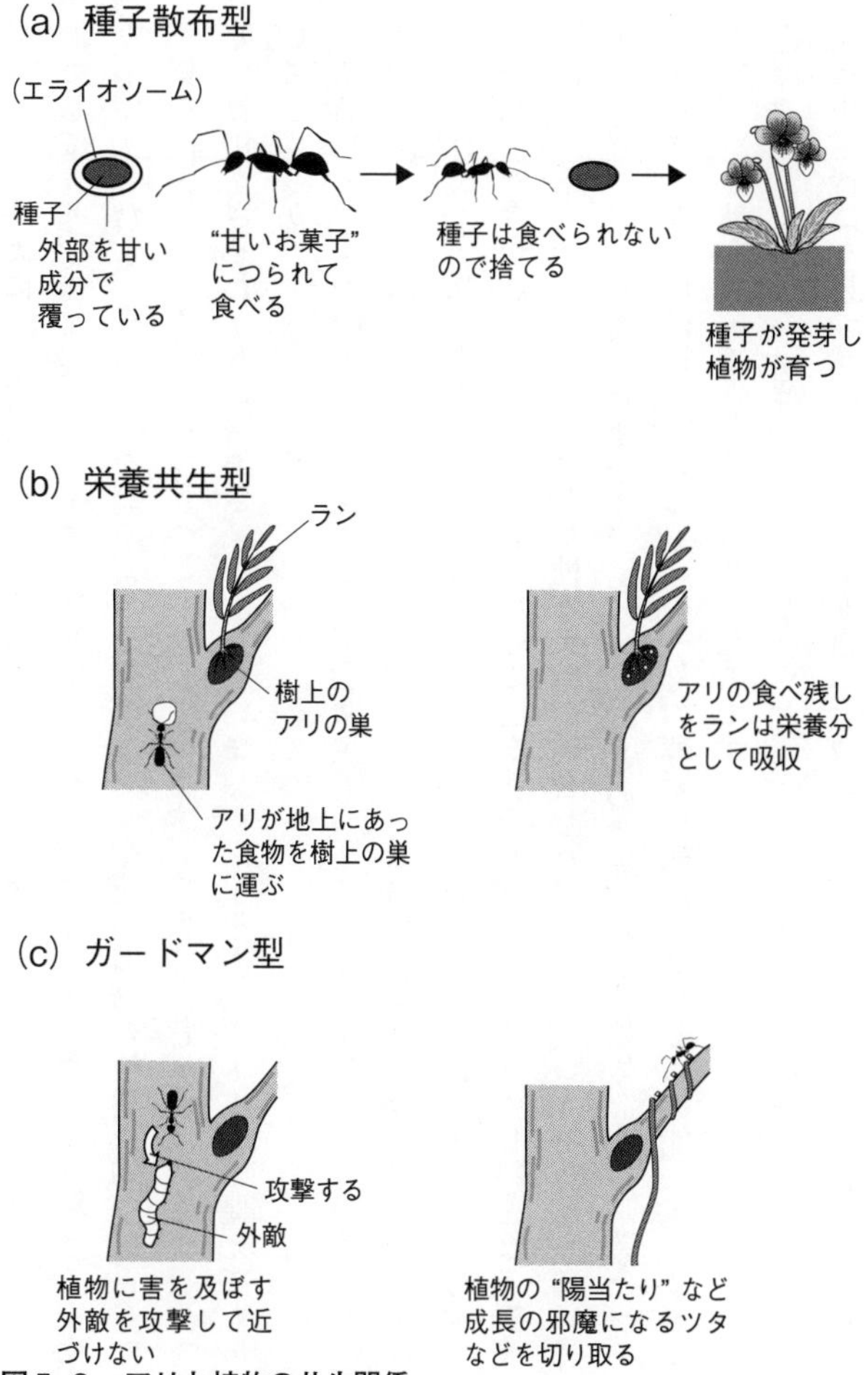

(a) 種子散布型
(エライオソーム)
種子
外部を甘い成分で覆っている
“甘いお菓子”につられて食べる
種子は食べられないので捨てる
種子が発芽し植物が育つ
(b) 栄養共生型
ラン
樹上のアリの巣
アリが地上にあった食物を樹上の巣に運ぶ
アリの食べ残しをランは栄養分として吸収
(c) ガードマン型
攻撃する
外敵
植物に害を及ぼす外敵を攻撃して近づけない
植物の“陽当たり”など成長の邪魔になるツタなどを切り取る

図5-3　アリと植物の共生関係

す。中央アメリカによく生えているこの植物は、トゲのような部分が多くあり、その一部を空洞にしてアリを住まわせています。アリはというと、アカシアを食べようとする虫や小動物を追い払ったり、陽当たりを遮るような邪魔なツルや他の植物の枝葉を切り落としたりして、巣を提供している植物に役立つことをしています。日本では昔、お金持ちが書生を住まわせて雑用をさせたり身辺警護させたりしていましたが、そんなイメージで捉えてもらえばいいでしょうか。

アリ植物とアリの関係は、一見すると相利共生で、平和に仲良く暮らしているように見えます。しかし、実際はそうではなかったのです。というのは、実はアカシアがアリを操っていることが分かってきたからです。二〇〇五年、ハイルらは、アリがアカシアの分泌する蜜しか利用できない状況に追い込まれていることを報告しました。アリの食料となる樹液の主成分はショ糖です。ショ糖はブドウ糖と果糖が結合した二糖類で、これを分解するにはインベルターゼという酵素が必要です。ところが、このアカシアに住むアリ（アカシアアリ）はインベルターゼ自体は持っているものの、その酵素機能が不活化して機能していません。そのため、ショ糖を分解できなくなっていたのです。

それではどうやって分解しているかというと、そこがアカシアの巧妙なところです。アカシアは正常機能を持つインベルターゼを自ら合成して樹液を通してアリに提供していました。

その補給により、アリはショ糖を分解して栄養分とすることができます。

実は、アリは幼虫のときには正常な機能を持つインベルターゼを持っていました。しかし、成虫になるころに不活化して機能を失うのです。この不活化は、幼虫が成虫になってアカシアの樹液を摂取したときに起こるようです。まさに最初の一口でアリ本来のインベルターゼが不活化され、アリはアカシアの産生する正常なインベルターゼに依存せざるをえなくなります。その結果、一生、アリはアカシアの樹液を吸わないではいられなくなるのです。

人間の場合も、産まれたばかりの時期は母乳の乳成分の乳糖を分解利用できますが、成長するにつれて、乳糖を分解する酵素を消失する人が増えていきます。その人たちは、牛乳を飲むと消化できずに下痢を起こすことが知られています。これを乳糖不耐症といいます。乳糖不耐症は成長過程における自然な現象ですが、アカシアの場合はアリを強制的にそのような状態にさせてしまうのです。

見方を変えれば、アリはアカシアの樹液以外では餌となる糖分を摂取できない、まさに中毒症状に陥ってしまったようにも思えます。それはまるで、麻薬患者が麻薬を断ち切れないで、麻薬に支配されてしまったような様子です。最終的にアリはアカシアの奴隷のごとく、一生アカシアに尽くさなくてはいけなくなります。いわば、甘い蜜を利用した「ハニートラップ」。共生のあり方の多様さを示す例だといえるでしょう。

コラム4

光合成をする不思議な動物

刺胞動物とは、クラゲやイソギンチャクに代表される刺胞（毒針を発射する細胞小器官）を持つ動物のことです。この刺胞動物のなかには、動物であるにもかかわらず、光合成をするものがいます。その代表例がサンゴです。

サンゴは、宝石サンゴと造礁サンゴに分けられます。光合成をするサンゴは、造礁サンゴと呼ばれるほうです。造礁サンゴはその名の通り、サンゴ礁を形成します。造礁サンゴには、渦鞭毛藻に属するシンビオディニウム類が共生しており、この共生藻は紅藻由来のペリディニンという褐色色素を持っています。そのため、共生藻は褐虫藻と名付けられました。褐虫藻は二次共生体ですので、サンゴは三次共生体になります。

サンゴ礁は、オーストラリアのグレートバリアリーフのような低緯度地域で外洋に面しており、日光がさんさんと降り注ぐ浅い海に形成されます。日本では、琉球列島と小笠原諸島の島々にサンゴ礁が見られますが、これらはサンゴ礁の分布の北限域になっています。造礁サンゴの主な種類は、イシサンゴ目に属しています。約一六〇〇種のイシサンゴ類のうちの半分、約八〇〇種が「褐虫藻」を持っており、サンゴ礁を形成します。

褐虫藻が作る栄養分の分け前

褐虫藻は、光合成によってブドウ糖を作ります。造礁サンゴが獲得している栄養分総量のうち、褐虫藻が産生した栄養分の割合は約七〇パーセントであり、サンゴ自身の口で摂取した栄養分の割合は約三〇パーセントです。サンゴは自力でも栄養分を確保しているので、サンゴの栄養獲得スタイルは、独立栄養性と従属栄養性を兼ね備えた混合栄養性ということになります。

イシサンゴ類であるハナヤサイサンゴの場合、褐虫藻は自分で産生したエネルギーの一〇パーセントを自分の呼吸や成長に使用し、なんと残りの九〇パーセントはハナヤサイサンゴに供与しています。そうして栄養を与えてもらったハナヤサイサンゴは、褐虫藻から供与されたエネルギーのうち、四七パーセントを自分の呼吸や成長にあて、五三パーセントは粘液として放出します。この粘液はサンゴの体を保護するためのもので、グリセリン、ブドウ糖、各種アミノ酸などが含まれており、サンゴ礁に生息するカニや小魚の餌となっています。サンゴ礁に生息している色とりどりの美しい魚たちは、サンゴに養われているともいえます。サンゴの粘液がなければ、彼らは透明度の高い、つまりプランクトンなどが少ない貧栄養の海では生存できませんから。

造礁サンゴが褐虫藻を持つメリットは、糖分や酸素の供与を受けることです。それでは、褐虫藻には、どのようなメリットがあるのでしょうか。

サンゴ礁の海は透明で、藻類の成長に必要な栄養塩類があまりありません。これは、褐虫藻の生育にとってあまり良い環境ではないのです。いっぽう、サンゴの細胞内では、老廃物としてアンモニア、リン酸、ビタミン類、二酸化炭素が産生されますので、褐虫藻の生育にとって良好な環境になっています。また、サンゴの細胞中に共生していると、外敵による捕食を防げますし、低緯度地域の強烈な紫外線からも遮蔽されます。

ところで、サンゴが産生するアンモニアやリン酸は、サンゴが捕食したものや粘液層に住む窒素固定細菌の産生物に由来しています。サンゴの細胞内に共生している褐虫藻はブドウ糖などの炭水化物を産生しますが、窒素有機物は産生しません。窒素固定細菌は、サンゴに不足しがちな窒素有機物を補ってくれています。

また、粘液層の細菌密度は海水中よりも非常に高くなっていて、細菌にとって良好な生息場所のように思われます。粘液層の栄養分を存分に利用できるからです。このように、窒素固定細菌などの細菌とサンゴも共生関係にあるといえるでしょう。

サンゴの粘液はサンゴ礁に生息するカニや小魚の餌になっていると書きましたが、細胞外へ粘液を分泌することは、サンゴにとってもエネルギーの無駄遣いなどではありません。むしろ、サンゴと細菌の共生関係を保つために必要不可欠な行為です。また、サンゴは粘液層表面に砂などの塵が貯まると粘液層を剝がして捨ててしまいます。そうすることによって、サンゴは光合成に必要な光量を確保しているのです。剝がされた粘液層もカニや小魚の餌となり、有効利用されています。

サンゴの白化

造礁サンゴの成育最適水温は、二五〜二八℃であることが多いです。つまり、暑くてもだめ、寒くてもだめという狭い温度環境のなかで、サンゴ礁は形成されています。海水温が三二〜三三℃になると、褐虫藻がサンゴ細胞から逃げ出します。その結果、サンゴが白化し、死滅します。

ところが、サンゴの白化はサンゴにとって絶滅への道であるとも限りません。実は、防衛手段であるかもしれないのです。高温水や過剰な光量のもとでは、褐虫藻の光合成が高まり、その結果、サンゴにとって有害な活性酸素量が増大します。つまり、白化は、褐虫藻がサンゴから逃げ出すのではなくて、サンゴが褐虫藻を追い出している結果かもしれません。サンゴは体内に脂質を蓄積しており、一ヶ月程度は褐虫藻なしで生存することができます。このあいだに環境条件が良くなれば、白化したサンゴが海水中の褐虫藻を再び取り込むか、あるいは褐虫藻を保持した一部のポリプが出芽することによって、褐虫藻を保持した群体を再形成することができます。大多数のサンゴは、一個体から出芽したクローンによる群体なので、群体の再形成が可能です。

そもそも、サンゴの細胞中の褐虫藻の密度は、一定ではなく、季節変動があります。日照時間が長く、日光が強く、海水温が高い夏場には、サンゴは褐虫藻の密度を減らし、褐虫藻も保持するクロロフィル量を減少させます。そのため、サンゴは夏場には白っぽくなります。それに反して、日照時間が短く、日光が弱く、海水温の低い冬場などは、サンゴ細胞内の褐虫藻密度が上昇し、褐虫藻が保持するクロロフィル量が増加するので、サンゴの褐色化が強くなります。

日光の強い光や紫外線にさらされると、褐虫藻の光合成装置が光損傷を受けます。適正な海水温であれば、光損傷箇所は修復メカニズムによって修復されるので問題はありません。しかし、海水温が高いと修復メカニズムが阻害されて、光合成装置が修復されずに分解されてしまいます。これによって、はじめに褐虫藻に色素量が減少し、次の段階では、褐虫藻の分解・壊死《えし》が生じます。さらに、高水温が続くと、サンゴポリプから褐虫藻が放出されます。褐虫藻がサンゴとの共生関係を解消する白化現象は、見方によっては、褐虫藻のサンゴからの脱出であったり、あるいは反対に、サンゴによる褐虫藻の追放であったりするのです。

第六章

大事な共生相手を攻撃する理由
——植物と菌のコミュニケーション

菌の助けなしでは独り立ちできない華麗なランの花

ランの種子を見たことはありますか？　小さいことで知られるケシの実（実際は種子）に負けず劣らず非常に小さくて、大半は長さ一ミリ以下のものです。重さでくらべても、ランの一種、レブンアツモリソウの種子の重さは米粒の一万分の一です。英語ではダストシード（ほこりのような種子）と呼ばれており、まさに吹けば飛ぶような大きさです。こんな小さな種子が発芽して、「花の女王」と呼ばれるあの華麗な花を咲かせるのです。すごい成長力で、感嘆するばかりです。

ランの種子の構造を見てみましょう。種子は内部に胚がまだ未分化の状態で存在するだけで、発芽に必要な栄養分を蓄える胚乳組織もありません。そのため、自力では発芽することができないのです。それでは、どのようにして発芽するのでしょうか。

ランが数多く自生している東南アジアの熱帯林を見渡すと、ランは樹上の窪みに着生して生育しているものが多いことが分かります。このようなランは、種子が風に吹かれて遠くまで飛んでいき、樹上に到着して、そこで発芽するのです。ただ、発芽するには厳しい条件があります。それは、種子が降りた場所にラン菌と呼ばれる糸状菌（カビの仲間）がいることです。ラン菌が存在する場合にだけ、ランは発芽することができます。つまり、その種子が発芽して将来大きな花を咲かせるか、あるいは発芽もせずに死んでしまうかは、ラン菌の存在にかかっているのです。ある意味、他人任せの生き方といえます。樹上に生育するデンドロビウムのような着生ランだけでなく、湿地で生育するサギソウのような地生ランでも同様です。ランの種子の発芽には、樹上や土壌中に存在する特殊な菌と共生して、栄養成分を供給してもらうことが必須の条件なのです。

ランを植木鉢で育てた経験のある人は、鉢にカビのような白い糸状のものが付着しているのを見たことがあるでしょう。この白い糸状のものこそ、ラン菌が繁殖したものです。

ランとラン菌との関係は、一般に共生関係といわれています。共生といっても、仲良く助け合って共存しているわけではありません。ラン菌はというと、ランの種子を腐らせて自分の栄養分にするために種子の内部に侵入しようとします。しかし、種子のほうが一枚上手です。種子は特別な抗菌物質を作り、ラン菌の成長を制御したうえ、ペロトン（菌毬）と呼ばれる構造体を作るように仕向けて防御します。そうすると、ペロトンは植物体の深部に侵入することができず、皮層細胞内に留まって大きくなり、糸状の塊（毬状）のようになります。ランの種子は、こうしてできたペロトンを消化し、栄養分にして発芽します。発芽したものは、プロトコームと呼ばれる菌類との複合体を形成したのちに成体となります。しかし、種子が十分な抗菌物質を作れない場合は、菌のほうが優勢になり、ついには種子を腐敗させて自分の栄養分にしてしまいます。まさに食うか食われるかの関係なのです。

生育したランの根にもラン菌がいます。この状態ではランとラン菌は共生状態にあり、お互いに栄養成分を交換しています。ランは光合成産物を、いっぽうのラン菌は周りにあるセルロースを加水分解した炭素化合物を供給しています。この一連の過程を見ると、ランとラン菌の関係は当初、片利共生であったものが、その後、相利共生になったものといえるでしょう。

ラン菌には多様な種類があり、いくつもの種類のランに共生できるものだけでなく、なかには特別なランにのみ共生するものもあります。また、ランも相手を選んでいます。リゾクトニア・レペンスと呼ばれる菌は、普段は土壌中の腐敗した植物を栄養源として生育していますが、相手を選ばずに多くの地生ランと共生することができます。いっぽう、沖縄に自生するオキナワセッコクは、ツラスネラ科の特定の一種のラン菌としか共生しません。共生の相手選びもランやラン菌によって様々なのです。

同居か別居か、菌と根との共同生活

ランとラン菌のような関係はランに限ったものではありません。このような例は多くの植物に見られます。植物の根とそこに生息する菌類の共生体のことを「菌根」といい、植物の根と共生する菌のことを「菌根菌」といいます。菌根菌には、植物の根の細胞のなかに入る内生菌根菌と細胞外で繁殖する外生菌根菌、さらにややこしい名前ですが、この両方を行う内生外生菌根菌がいます。

驚くべきことに、植物の九割は何らかの菌根菌と共生しています。どの菌根菌も、植物と共生しないと生きていけない絶対共生性の菌類です。内生菌根菌の代表としてはアーバスキュラー菌根菌（AM菌）があり、外生菌根菌では日本人になじみの深い松茸やフランス料理に使われるトリュフ、イタリア料理のポルチーニなどが有名です。松茸やトリュフが高価なのも、生きた植物にしか共生しないのが大きな理由です。

アーバスキュラー菌根菌の胞子は、微生物のなかではかなり大きく（四〇〜八〇〇マイクロメートル）、適切な温度と水分があれば発芽し、菌糸を伸ばします。そして、植物の根に着くと、菌が根に付着できる「付着器」という特別な器官を作って、根に侵入します。さらに進むと、菌糸は細胞内に侵入して細かく枝分かれし、樹枝状体（Arbuscule）を形成します。

また別の種類では、球状に肥大した嚢状体《のうじょうたい》（Vesicle）を作るものもあります。

このことから、菌根菌は、以前は両方の頭文字をとってVA菌と呼ばれていました。アーバスキュラー菌根菌は共生後、土壌中に菌糸を伸ばしてリン酸や水分などを吸収し、樹枝状体を通して植物に与えはじめます。いわば、植物の根の代わりをし、しかも根が届かない幅広い土壌中まで菌糸を伸ばして栄養分を補給するのです。いっぽう、植物はというと、見返りに光合成で得た炭素化合物を菌に提供して共生を成立させています。

植物の根の内部に菌類が共生していることが発見されたのは一九世紀中ごろといわれています。一九〇五年にはギャローが詳細な図を発表していますが、これに先立ち、日本において植物生理学の祖といわれる東京帝国大学の柴田桂太が竹の根の細胞のなかにコイル状の菌糸があることを見つけています。

化学肥料を与えて育てる栽培植物とは違って、野生植物は自力で栄養分を摂取しなくてはなりません。栄養分の少ない痩せた土地における菌との共生は、植物にとって非常にメリットがあります。リンが不足している土地では、アーバスキュラー菌根菌と共生した植物は、そうでない植物とくらべて非常に生育が促進されます。先ほど述べたように、アーバスキュラー菌根菌が土壌中のリンを吸収してくれるからです。

植物の三大栄養源として、窒素、リン酸、カリが知られていますが、そのうち、リン酸は

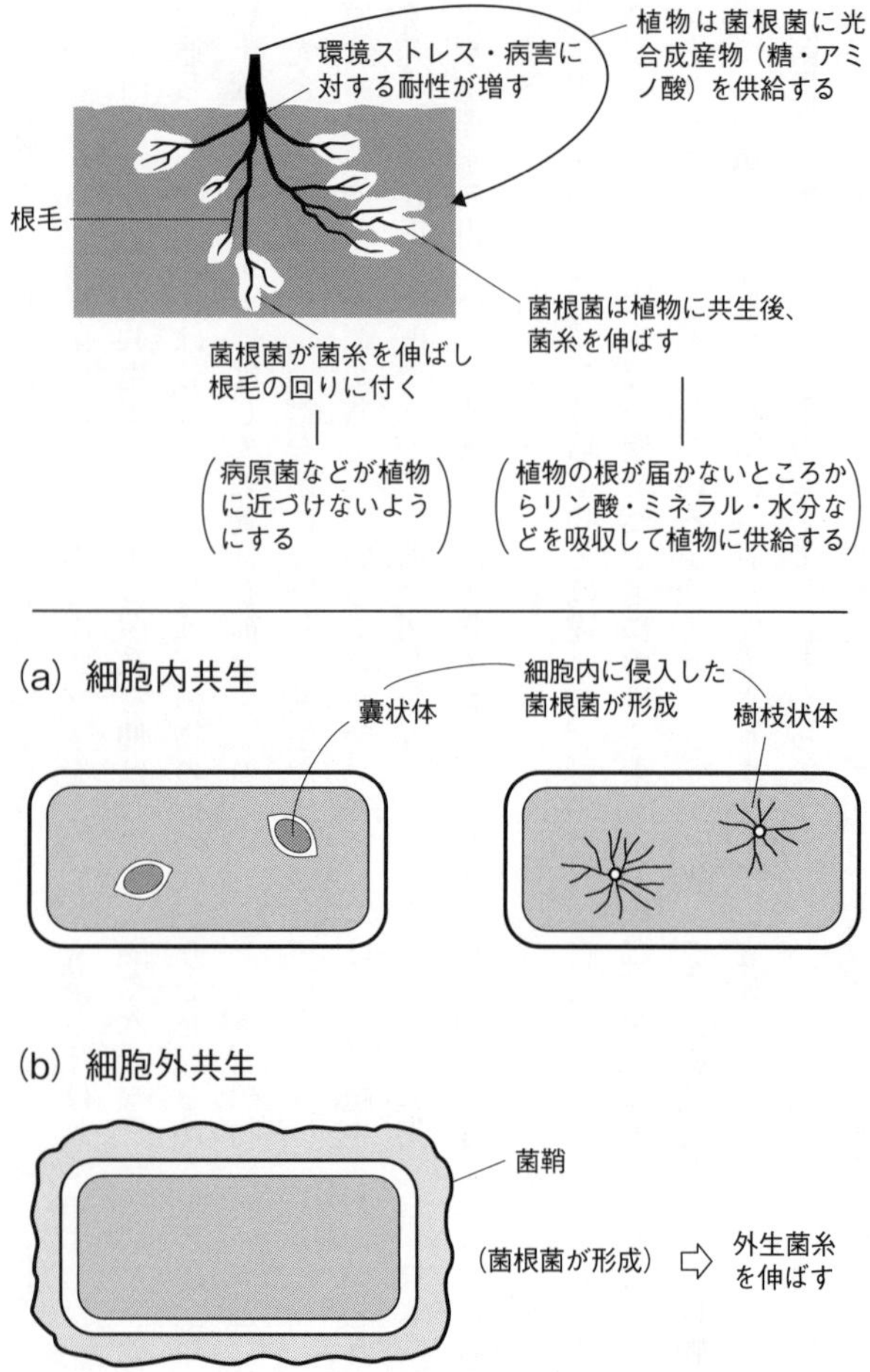

図6-1　アーバスキュラー菌根菌の菌糸は「根」の役割をする

根から吸収しづらい厄介な性質を持っています。というのは、リン酸は土壌中での移動速度が遅く、根の近くに来るのに時間がかかるからです。その結果、植物の根毛が多数存在する根圏の近辺でリン酸が吸収されつくしてしまうと、他から新たなリン酸がなかなか移動してこないので、必要量を吸収できなくなります。そうなると、植物はリン酸不足に陥ってしまい、生育に支障が生じてしまいます。

また、植物の根毛は〇・〇八から一・五ミリメートルの長さしかないのに対して、アーバスキュラー菌根菌の菌糸は一〇センチメートルほども伸長できるので、広い範囲でリン酸を吸収することが可能です。さらに、リン酸以外にも、亜鉛や銅などのミネラルを吸収する能力も持っています。アーバスキュラー菌根菌の利用価値は非常に高いので、宿主となる植物も排除するのではなく取り込んで共生する道を選んだのでしょう。

ただ、人間がリン酸化学肥料を開発し畑に施すようになると、特に菌根菌に頼らなくともよくなり、その役割は減少してしまいました。実際、リン酸化学肥料を施肥した畑などでは、菌根菌の効果はあまり見られません。リンが豊富にあるため、アーバスキュラー菌根菌の助けを借りなくても、自分の根で吸収するリン成分で事足りるからです。

しかし、リン酸化学肥料に頼ることにも問題があります。現在、リン酸肥料の原料としてリン鉱石が用いられていますが、リン鉱石は資源量が少なく、しかも地球上で局在しており、限られたところでしか得られないのです。地球全体では、中国に全体の約四分の一の埋蔵量があると推定され、現在のペースで採掘されていくと、石油よりも早く枯渇するという統計もあります。ですから、リン酸肥料の原料が今後も潤沢に供給される保証はありません。その意味では、アーバスキュラー菌根菌を利用する栽培体系を作ることは、植物の将来にとって重要といえるでしょう。

アーバスキュラー菌根菌を農業で利用する

アーバスキュラー菌根菌と共生することは、リンやミネラルといった栄養分の補給以外にもメリットがあります。乾燥に対して強くなり、耐病性も向上します。すなわち、環境ストレスに対して強くなるのです。その理由はいくつかあります。耐病性の向上に関していえば、アーバスキュラー菌根菌が根を菌糸で包む菌鞘《きんしょう》という組織を形成し、それによってさらに広い根圏を形成するため、病原菌を含めて他の菌種が根の周りに近寄れなくなります。また、根圏で栄養分や水分を菌根菌が優先的に摂取してしまうので、他の菌種にまで行きわたらなくなります。その結果、それらの菌は増殖が抑えられてしまうのです。

さらに植物の細胞が菌の共生によって植物本来の抵抗性が誘導され、細胞壁の増大などの対抗策が強化されます。他にも、抗生物質を産生して他の菌の生育を阻害するようになることなどが理由として挙げられます。実際に抵抗性が増した例として、アーバスキュラー菌根菌を施すと、根腐れ病を起こすセンチュウの数が減ることが報告されています。

アーバスキュラー菌根菌は、宿主特異性（特定の宿主としか共生できない性質）がないため、様々な植物と共生します。そのため、異なる植物どうしがアーバスキュラー菌根菌の菌糸でつながることもあり、そこに生える植物群全体の生育にも役立っています。まるで小さな集団がネットワークでつながり、大きな集団に変化したようなものです。大豆などのマメ科やタマネギなどのユリ科の植物は、根毛の発達が弱く、自力で栄養分を吸収する能力があまりありません。このような植物では、アーバスキュラー菌根菌の役割は極めて大きいといえます。

ただ、例外もあります。アブラナ科とアカザ科の植物とは共生しません。これらの植物は自分の根を発達させ、アーバスキュラー菌根菌がなくても自力で栄養分が吸収できるので、いわば自前で事足りるようになったと考えられています。

近年は現在の化学肥料を多用する農業に代わり、化学肥料を少なくして菌根菌などの有用微生物を増やして植物の生育を促進する有機農業の取り組みも行われています。有機農業では昔からの伝統的な方法が役に立ちます。以前から作物の栽培において、前の年に栽培された作物が何であったかによって、翌年の作物の収量が変動するという「前作効果」という現象が知られていました。アーバスキュラー菌根菌と共生する作物を前年に栽培した畑では、次年度に植えた作物の収量が良くなります。

これは、前作した作物にアーバスキュラー菌根菌が共生して、その土地に菌根菌が増殖したからです。すなわち、増殖した菌根菌のおかげでリン酸やミネラルが吸収されて畑に集まり、次年度の作物ではそれらの摂取が容易になったことが原因です。大豆の実験では、アーバスキュラー菌根菌を共生させた作物の跡地で栽培すると、リン酸肥料を半分に減らしても収量は変わらなかったという報告があります。

土壌改良資材の開発

こうしたことから、最近では菌根菌を処置した土壌改良資材が市販されるようになりました。ただ、アーバスキュラー菌根菌は植物と共生しないと生育できない絶対共生菌であるため、単独での純粋培養ができません。そのため、アーバスキュラー菌根菌を利用した土壌改良資材の単価が高くなり、販売が伸び悩んでいました。しかし、その欠点を解消するため、アーバスキュラー菌根菌を人工的な成分だけで培養する試みもされるようになりました。

最近、アーバスキュラー菌根菌の一種、リゾファガス・イレギュラリスと細菌の一種パニバシラス・ヴァリダスを一緒に培養したところ、リゾファガス・イレギュラリスが菌糸を伸ばし分岐して、旺盛に生育することをドイツの研究グループが見出しました。この結果は、バクテリアから滲出した何らかの成分が生育を促すことを示しています。他のグループの分析によれば、その成分は脂肪酸の一種でした。このような研究が進めば、単独の人工培養が可能になります。そうすれば、単価も抑えられるようになり、土壌改良資材としてもっと用いられるようになることが期待されます。

菌の助けを借りて植物は海から陸に上がる

アーバスキュラー菌が登場したのは、今から四億六〇〇〇万年前のオルドビス紀と考えられています。海中に生息していた植物が陸に上がったのも、ちょうどそのころでした。当時の陸上がどんな様子だったかというと、火山が噴火した直後の大地を想像してもらえば分かりやすいでしょう。噴出したマグマで形成された大地は、岩石のみの貧栄養環境だったと思われます。このような過酷な状況で、生命体が生存することは容易なことではありません。

それまで生物が生息していた海のなかでは栄養分が循環しており、海中植物は植物体全部の表面からたやすく栄養分を吸収できました。ところが、陸上に上がるとそうはいきません。土壌から栄養物を吸収する「根」という特別な器官が必要になります。海中植物、たとえばコンブやワカメは根に見える構造を持っていますが、あくまで植物体を海中に固定するためだけのものです。現在の陸上植物の根に見られるような、水分や栄養分を輸送する維管束系組織はなかったのです。

当時、陸に上がった植物の祖先は「仮根」と呼ばれる貧弱な器官しかありませんでした。そのため、栄養分を吸収することは極めて困難でした。それを助けてくれたのが、アーバスキュラー菌です。つまり、リンや水分が乏しい陸上でそれらを植物に供給してくれたのが、アーバスキュラー菌だったのです。根の代わりを務めてくれた、まさに「縁の下の力持ち」といえます。

四億五〇〇〇万年前に上陸した初期の植物であるアグラオフィトン・メジャーの仮根の化石には、アーバスキュラー菌根菌が共生したと思われる菌糸や樹枝状体の跡が発見されています。このように、陸上植物とアーバスキュラー菌根菌との共生は、大昔、植物の陸上進出と共に始まったと考えられることから、現在のほとんどの植物がアーバスキュラー菌根菌と共生関係を持っていることは何ら不思議ではありません。こうした知見から、雲仙普賢岳が噴火したおりには、その後の植生の回復の一環として、アーバスキュラー菌根菌を組み込んだバッグがヘリコプターで散布されました。回復への強力な助っ人になったことでしょう。

独立に進んだ植物と菌の認識機構

宿主植物と菌根菌が共生する際には、お互いをどのようにして認識しているのでしょうか。この認識機構についても最近、解析が進んできました。胞子から発芽した菌根菌の菌糸は、根の近くに来ると細かく分岐します。このダイナミックな形態変化は、根から分泌されるシグナル物質によって引き起こされます。二〇〇五年に、秋山康紀氏らが宿主植物の一種であるミヤコグサの根の浸出液でアーバスキュラー菌根菌を処理すると、アーバスキュラー菌根菌の菌糸が扇状に激しく分岐することが観察されました。

植物遺伝学では、アラビドプシス（シロイヌナズナ）がモデル実験植物として一般に使われますが、共生を調べる研究ではミヤコグサがよく使われています。菌糸の分岐を誘導する化合物を同定したところ、5－デオキシストリゴールというストリゴラクトンの一種であることが判明しました。

この物質は特に新規な物質ではなく、ストリゴラクトンという植物ホルモンの一種として知られていたものです。ストリゴラクトンは、植物の枝分かれを抑制する機能を持つホルモンです。ストリゴラクトンという名称は、ソルガム（たかきび）の根に寄生する植物であるストライガから発見されたので、それにちなんで付けられました。共生の研究とは全く別の分野ですでに見つけられていたわけです。

ストライガという植物は、自身で光合成を行わずに他の植物に寄生して、光合成産物や水

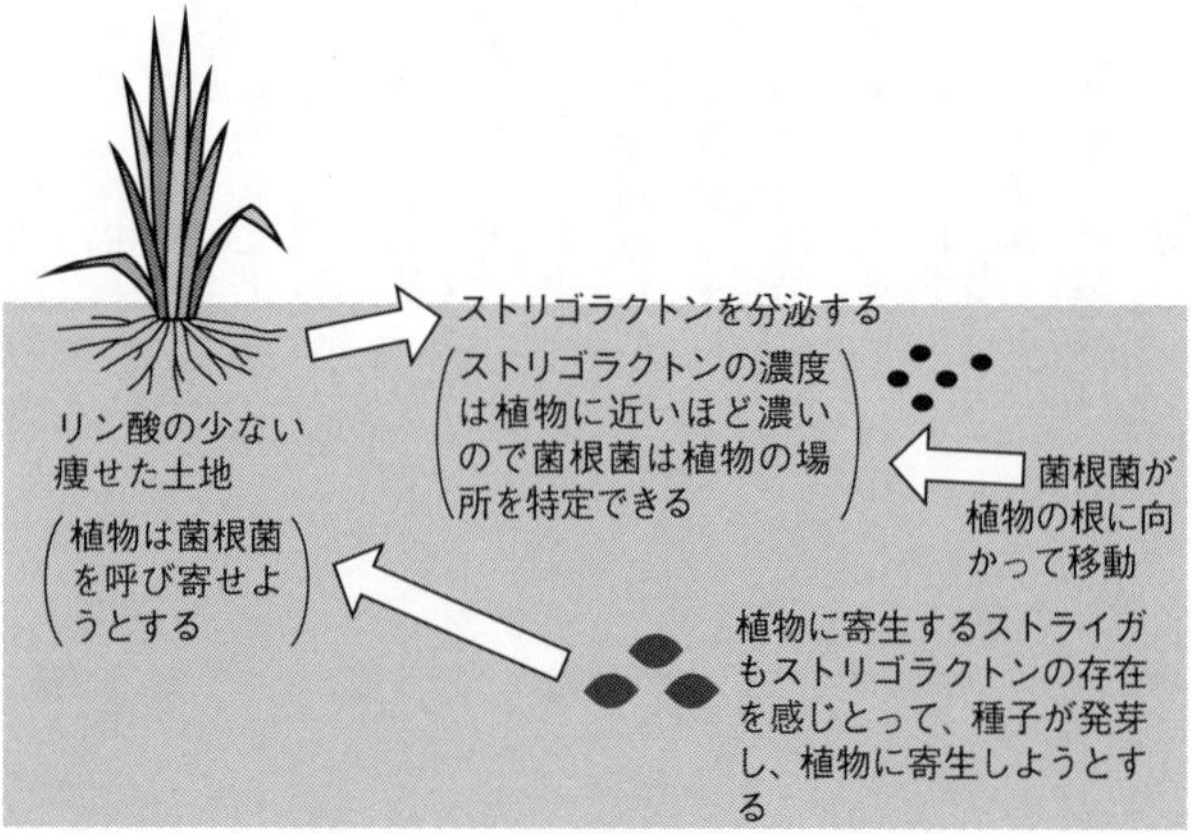
ストリゴラクトンを分泌する
（ストリゴラクトンの濃度は植物に近いほど濃いので菌根菌は植物の場所を特定できる）
リン酸の少ない痩せた土地
（植物は菌根菌を呼び寄せようとする）
菌根菌が植物の根に向かって移動
植物に寄生するストライガもストリゴラクトンの存在を感じとって、種子が発芽し、植物に寄生しようとする

図6-2　ストリゴラクトンによる菌根菌の「呼び寄せ」

分を横取りして生きる寄生植物です。この植物はアフリカに多く生育しており、宿主植物の根に寄生します。農作物に深刻な被害を与えることから、その除去は大きな問題になっていました。

ストライガは寄生しないと生育できないので、その種子は宿主植物が近くにいる場合にはじめて発芽します。宿主植物が近くにいない場合は、宿主植物が近くに生えるまで種子は何もせず、休眠したままで発芽しません。

それでは、ストライガの種子は宿主植物が近くに生えてきたかどうかをどうやって知るのでしょう。実は、宿主植物が出す化学物質を頼りに宿主植物がどこにいるかを判断しているのです。宿主植物が近くにいることが分かると発芽し、宿主の根にたどりつくと「吸器」と呼ばれる器官を形成して、宿主植物の根に付着します。

でも、変だと思いませんか。ストライガに寄生されると、栄養物を奪われ、宿主にとっては非常に不利益になるのに、どうして宿主植物はわざわざ寄生植物を引き寄せる化合物を出すのでしょう。普通に考えれば、自己に不利に働く化合物を分泌しつづけることはしません。その謎に対する答えは、菌根菌の研究によって明らかになりました。なんと、植物が共生したいパートナーである菌根菌を呼び寄せるのに使われたシグナル化学物質（ストリゴラクトン）が、ストライガによって悪用されていたのです。

標的を濃度勾配で正確に知る

ストリゴラクトンは、土壌中で分解されやすい性質を持っています。土壌中に滲出した後、時間が経つにつれて分解されるため、根から遠くなるほど濃度が薄くなります。また、死んだ植物の根ではストリゴラクトンは分解されてなくなっていきます。アーバスキュラー菌根菌は彼らにとって共生の対象になる「生きている植物」の根の位置を、ストリゴラクトンの濃度勾配によって正確に判断してたどりつくことができるというわけです。

土壌中にリン酸が欠乏していると、植物はストリゴラクトンの生合成を促し、アーバスキュラー菌根菌を呼び寄せようとします。生合成されたストリゴラクトンは、アーバスキュラー菌根菌のミトコンドリア関連遺伝子の発現と細胞呼吸の活性化を誘導します。こうして、ストリゴラクトンはアーバスキュラー菌根菌を感染可能な生理状態に持っていくようにしています。両者の一連の出来事を見ていると、宿主植物とアーバスキュラー菌根菌は、まるで互いにコミュニケーションを取って行動しているようにも見えます。

大気中窒素の固定——マメ科植物とハーバー・ボッシュ法

植物が必要とする栄養素のうち、リン酸は菌根菌の手助けによって獲得できることを紹介してきました。そのほかの成分についてはどうでしょう。重要なものとしては、窒素があります。窒素は、タンパク質や核酸を形作るのにはなくてはならないものです。そのため、植物の生息地に窒素源があるかどうかは、植物にとっては大きな問題です。窒素は大気中に多く存在していますが、多くの生物は大気中の窒素を利用することができません。通常は土壌中に含まれるアンモニウム、硝酸イオン、有機態窒素を利用しています。ただ、硝酸イオンは微生物が脱窒反応を行うため、窒素分子となって大気中に放出されてしまうので、利用できる窒素はどんどん減少してしまいます。となると、放っておけば地上にある窒素源は枯渇してしまいます。しかし、現実にはそうなっていません。それはどうしてなのでしょうか。

ここで登場するのが、根粒菌（バクテリアの一種）です。マメ科植物と根粒菌が共生することによって、大気中窒素の固定を行っています。これはとても大きな意味を持つ営みです。大気中窒素の固定を通じて、空気中に存在する多量の窒素分子が有機窒素化合物に変換され、それが循環して多くの植物の窒素源となっていくのです。

マメ科植物は、他の植物が生育できないような窒素含有量が少ない土壌でも生育できます。もし、空気中の窒素を固定することができる特殊な能力を持つマメ科植物がいなければ、窒素供給ができなくなり、地球上で多くの植物は生存できなくなっていたかもしれません。

通常、窒素固定ができない植物は、落葉した葉や茎、根などが微生物によって分解されて生じた硝酸態窒素を窒素の供給源としています。そして、それらが減少していくと窒素不足に陥り、生育ができなくなります。そのため、農耕の開始後、窒素成分が作物の収量に多大な影響を及ぼすことが明らかになると、多くの作物の肥料として窒素含有物が施されるようになりました。

二〇世紀のはじめに空中窒素を化学触媒によって固定するハーバー・ボッシュ法が開発される以前は、チリ硝石が主な窒素原料となっていて、そのチリ硝石から作られた硫安が主要な窒素肥料でした。しかし、十分な窒素の量が供給されているとはいえず、農作物の収量が悪くなる年もありました。そうすると飢饉が発生します。歴史に刻まれた人々の苦しみの背景には、そのような事情もありました。そうしたなか、ドイツのハーバーたちによって生み出されたハーバー・ボッシュ法は、空気中から窒素を固定する革新的な方法だったのです。この画期的な技術によって、農作物の収量は飛躍的に高められました。

余談ですが、開発者のフリッツ・ハーバーは熱烈な愛国主義者で、第一次世界大戦中に毒ガスの製造にも関わりました。彼が開発したツィクロンBは、その後の第二次世界大戦で、ユダヤ人の大量虐殺に使われたことで有名です。ハーバー自身もユダヤ系ドイツ人でしたが、皮肉にも同じ民族の殺戮に結果的に関わることになりました。ただし、アインシュタインの相対性理論が彼の意志に反して原子爆弾の開発に応用された例とは違い、ハーバーの場合は愛国主義者として積極的に毒ガスの開発に取り組んだのです。

しかしながら、第二次世界大戦がはじまると、ハーバーはユダヤ人ということで祖国ドイツから迫害され、さらには毒ガス研究に反対していた妻も自害します。ついには祖国を離れてイギリスに行き、最後は失意のうちにスイスで亡くなりました。現代でも科学はしばしば戦争に用いられますが、人類にとって科学知識との付き合い方は難しい問題です。ハーバーの不幸な一生は、それを体現したものだったといえるでしょう。

シアノバクテリアはスーパーな微生物

話を戻します。空中窒素固定は農作物の収量を増大させた重要な技術ですが、実は人類が空中窒素を固定する方法を開発するはるか以前から、マメ科植物は空中の窒素を固定してきました。窒素固定能力においては、マメ科植物は人間よりもはるかに先に行っており、優秀だったのです。しかし、マメ科植物自体がこのような能力を持っているわけではありません。単独で実際に窒素固定を行う能力を持つ生物は、原核生物の一部に限られています。それは、光合成細菌とシアノバクテリアの一部、そして根粒菌です。

シアノバクテリアは葉緑体の話でも登場してきましたが、窒素固定能力のあるシアノバクテリアは、大気中の炭酸ガスから光合成で炭素化合物を作り、窒素分子から窒素化合物を作るという見事な離れ業を行う驚異の生物です。古い原核生物だからといって、決して侮ることはできません。彼らが生来持つすごい能力のおかげで、人間をはじめ、高等生物も生きていけるのです。

地球上に存在する細菌は分類学上でも大きなグループを形作っており、我々が知っている細菌は全体の一パーセントほどで、残りの九九パーセントは未知であるともいわれています。地球上の未知の領域を隈なく探せば、もっと色々な能力を持つ細菌が見つかるかもしれません。

窒素固定をするマメ科植物を畑に植えると、次に植える作物の生育が良くなり、収量が上がることはよく知られています。日本でも昔から畑を肥やすものとして、ウマゴヤシ（馬肥）やクローバー（シロツメクサ）が知られていました。ウマゴヤシは土中の窒素含有量を増やすので他の作物の収量も上げるのですが、これらマメ科植物による空中窒素固定は、根粒菌が共生した成果です。代表的なマメ科植物である大豆を地中から抜くと、根に瘤状のものが観察されますね。これが「根粒」と呼ばれるもので、根粒菌が大豆の根に共生した証なのです。

前述のハーバー・ボッシュ法は触媒を用い、一〇〇〇気圧、五〇〇度という高温で作用させて空気中の窒素を固定する方法ですが、根粒菌のやり方は常温・常圧で触媒を用いずに行うというものです。これは、格段に優れたやり方です。第二章で述べたように、植物は空気中の炭酸ガスを固定するためにシアノバクテリアを細胞内に共生させ葉緑体としました。今度は、窒素（N_2）を固定するために根粒菌を利用しています。植物の光合成による炭素固定能力や根粒菌の持つ窒素固定能力は、実に精巧な仕組みに基づいているのです。それにくらべると、人類が開発した化学的方法はそのレベルにはまだまだ及びません。

根粒菌との共生の仕組み

植物は光合成によってできた炭素化合物を与え、いっぽうの根粒菌は窒素固定で得た窒素化合物を供給する――植物と根粒菌との共生関係は、そのようなものです。この共生関係は、近年遺伝子レベルでも調べられてきています。そのなかで、共生を誘引する遺伝子と、その仕組みなども、かなり明らかにされてきました。

共生が起こるためには、まず相手を認識する必要があります。これは菌根菌の場合と同様で、決まった相手を探す必要があるのです。同じマメ科植物でも、大豆はブラディ・リゾビウム（Brady rhizobium）属の根粒菌とだけ、エンドウやインゲンはリゾビウム（Rhizobium）属の根粒菌とだけ共生します。では、どうやって相手を認識するのかというと、最初は植物側からアプローチするようです。フラボノイド類というポリフェノール化合物の一種を土壌中に放出します。ストリゴラクトンを出して菌根菌を誘うやり方と似ていますね。

そのフラボノイド類が刺激となって、根粒菌はＮｏｄファクター（Nod factor）と呼ばれる化合物を作りはじめます。そして、その化合物を菌体外に出し、土壌中に浸出させていきます。

いっぽう、宿主となるマメ科植物には、この化合物を受け取ることのできる受容体（ＮＦＲｓ）が存在しています。ここで重要なのは、Ｎｏｄファクターは根粒菌ごとに異なり、受け取る側の植物の受容体も各々異なっていることです。自分と共生関係を築く根粒菌のＮｏｄファクターに対応するものを用意して待っているわけです。Ｎｏｄファクターの実体はリポキチンオリゴ糖の一種であり、それらの化学構造が異なるために宿主特異性が起こります。

その結果、宿主植物は自分が望む共生の相手だけを選ぶことができるわけで、いわば鍵と鍵穴みたいな関係です。

Ｎｏｄファクターを合成する遺伝子は共生関連遺伝子と呼ばれており、*nodA*、*nodB*、*nodC*、*nifH*、*noeJ* などが知られています。ミヤコグサの実験で、これらの共生関連遺伝子は根粒菌間で転移できることが明らかになっています。特定の宿主と共生関係を築けない根粒菌であっても、共生関係を築ける根粒菌の共生関連遺伝子を移すと、共生できるようになります。

遺伝学では、このように遺伝子が生物間で転移することを「遺伝子水平伝播」といいます。対して、親子関係のように子孫に伝わることを「遺伝子垂直伝播」といいます。細菌やウィルスなどでは、高頻度で遺伝子水平伝播が起こることが知られています。たとえば、新型コロナウイルスの性質が度々変わるのも、突然変異と遺伝子水平伝播によるものです。

前述したように、マメ科植物は他の植物が生えづらい栄養分の乏しい痩せた土地でも生育することができます。これを農業上で利用するには宿主範囲が広くて窒素固定能が高い根粒菌があればいいですよね。このような菌を作り出すために、遺伝子水平伝播を用いて根粒菌の性質を変え、任意に共生できる根粒菌を作ることも計画されています。

窒素固定を行うのに適した構造を作る

マメ科植物の窒素固定を可能にするのは、根粒菌のニトロゲナーゼという酵素です。ニトロゲナーゼは、窒素分子をアンモニアに変えることができます。しかし、ここで厄介な問題があります。それは、ニトロゲナーゼが酸素に弱いという点です。ニトロゲナーゼは非常に古くからある酵素で、地球が酸素で満たされる以前に生じた酵素と考えられています。そのため、当時の生物と同様、酸素に弱い性質を持っているのです。

窒素固定の反応には、複雑な金属クラスター（金属原子の集合体）による電子伝達が行われます。しかし、これらの金属クラスターは酸素に晒されると、極めて短い時間で分解されてしまいます。そこで、ニトロゲナーゼに酸素を近づけないように工夫しなければなりません。この問題を解決するためにマメ科植物が取った方法は、根粒のなかに「レグヘモグロビン」と呼ばれる物質を作ることでした。

血液中にあるヘモグロビンという物質の名前は聞いたことがあると思います。ヘモグロビンは、血中で酸素と結合し運搬する作用で知られています。レグヘモグロビンは、ヘモグロビンに「マメ科」を意味する「レグ」がついたもので、ヘモグロビンと同じく酸素と結合する性質を持っているため、ニトロゲナーゼの周りにある酸素を結合し除去することができます。レグヘモグロビンのおかげで、根粒内のニトロゲナーゼは酸素に触れなくてすむようになるのです。いわば、根粒菌の周りの酸素をレグヘモグロビンに吸収させてしまうという戦略です。

窒素固定を行うには、それに適した構造が必要です。化学工業でいえば、プラント作りのようなものです。まず、原料となる炭素と窒素を取り込んだり、合成した窒素化合物を運んだりする配管のような仕組み、具体的にはしっかりした維管束系を作る必要があります。そのうえ、根粒菌は宿主の抵抗性反応から逃れなくてはなりません。病原菌が植物に侵入した場合、宿主は様々な抵抗性反応をします。根粒菌は病原菌ではありませんが、宿主の植物にとってはよそ者です。根粒菌だけ例外的に扱われることはありません。そこで、根粒菌は二重膜に覆われ、宿主の細胞質に直接触れることのないように隔離されるシステムを構築するようにしました。このようにして、根粒菌は宿主の防衛システムから守られるようになったのです。

根粒菌自体も酸素呼吸によって生きていますから、酸素を必要とします。ここでもレグヘモグロビンが重要な役目を果たしています。根粒菌はレグヘモグロビンによって運搬された酸素を捨てずに利用し、呼吸しているのです。つまり、レグヘモグロビンは酸素の隔離、運搬と二重に活躍しているわけです。このような一連の流れで、根粒菌は窒素化合物を生成し宿主のマメ科植物に提供しています。

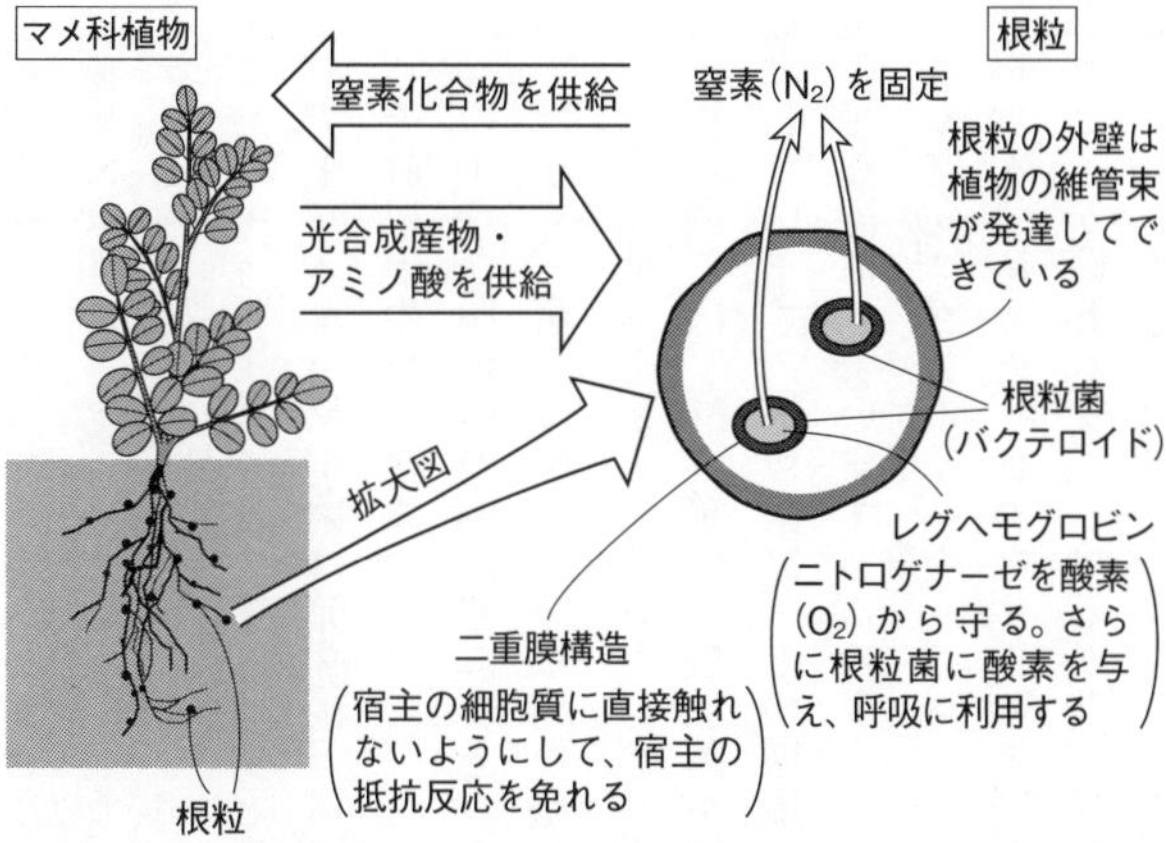
マメ科植物
根粒
窒素化合物を供給
光合成産物・
アミノ酸を供給
拡大図
窒素(N_2)を固定
根粒の外壁は
植物の維管束
が発達してで
きている
根粒菌
(バクテロイド)
レグヘモグロビン
(ニトロゲナーゼを酸素
(O_2)から守る。さら
に根粒菌に酸素を与
え、呼吸に利用する)
二重膜構造
(宿主の細胞質に直接触れ
ないようにして、宿主の
抵抗反応を免れる)
根粒

図6-3　マメ科植物と根粒菌の共生の仕組み

マメ科植物の側はというと、リンゴ酸やアミノ酸を根粒菌に供給しています。このとき、根粒菌は炭素源としてリンゴ酸を必要とするので、植物はショ糖をわざわざリンゴ糖に変えて供給しています。両者の共生関係は持ちつ持たれつの関係（相利共生）なので、植物がアミノ酸の供給を止めると、根粒菌も生成したアンモニアを植物に供給することを止めてしまいます。非常にドライな関係といえるでしょうか。

助け合いの共生

この章では、植物と糸状菌や細菌との共生関係を見てきました。いずれの例も、共生関係が深化し、巧妙に発達してきたことが分かります。特に植物では、動物のように栄養物を自身で探して摂取することができないので、栄養分の摂取に糸状菌や細菌を利用することは極めて大切なことといえるでしょう。

ランはラン菌がないと生育できないため、菌類従属栄養性植物と呼ばれています。同様に、アーバスキュラー菌にとっては植物との共生が生育に必須条件なので、絶対共生菌といえます。アーバスキュラー菌は発芽後、宿主の植物と共生できないと菌糸の成長が止まってしまい、それ以上生育できません。

このような菌根菌の例は他にもあります。松茸は、松などに一方的に寄生して養分を奪うのではなく、宿主の松にも何らかの見返りを与えているようです。実際、松茸を取り除くと松の成長も阻害されることから、外生菌根菌として共生していると考えられています。マメ科植物の例では、酸素嫌いな根粒菌が住みやすいように、わざわざ酸素を遮断した住まいを提供しています。根粒菌は、その環境下でアンモニアなどの窒素化合物を生成し、自己と宿主の栄養源にしています。このように、多くの植物は多かれ少なかれ、細菌との関わりを持っているのです。

自然を眺めると、様々な生物のあいだで協力関係が作られ、密接に関わりあって生存してきたことが窺われます。はるか昔、植物が海から陸に上陸したときから、植物は糸状菌や細菌、原生生物と手を組みあって生きてきたのでしょう。

第七章

「超生命体」としての私たち

——ヒトと腸内細菌の共生から考える

もう一つの臓器「腸内フローラ」

人生一〇〇年といわれる長生きの時代、健康的に長生きしたいと願う人が増えてきました。世界的に見ても、日本人の平均寿命が長いことは有名です。ただ近年、長命なものの介護を必要とする日本人も増えているため、健康的に長生きするにはどのような生活を送ればよいのかが問われています。そこで、本書の締めくくりとして、共生生物との上手な付き合い方こそが、健康的に長生きする秘訣であるという話をしたいと思います。

最近、「腸活」がよく取り上げられます。すなわち、腸内の健康を保つことが健康の維持にとって非常に重要だということです。腸にはおよそ約三八兆個の腸内細菌が共存しており、その種類は一〇〇〇種にも及ぶといわれます。さらに遺伝子レベルでみると、ヒトと共存している腸内細菌の総遺伝子数は、ヒト自身の持つ遺伝子の一〇〇倍以上にのぼることがメタゲノム解析で明らかにされました。そして、腸内細菌の総重量は重さにすると約二〇〇グラムにもなります。

なぜ、このような大量の腸内細菌がヒトの体のなかに住んでいるのでしょうか。それは、体の維持にヒトは腸内細菌を利用し、腸内細菌もまたヒトの〝食べ残し〟から餌を得ているという、共に利用しあうWin－Winの関係だからです。

以前から、腸内細菌はヒトには消化できない食物繊維の分解を担っているといわれていました。植物性多糖類からなる植物繊維を消化する酵素をヒトはほとんど持っていませんが、腸内細菌はこれらの酵素を多数持っています。それらの酵素を活用して、植物繊維を微生物発酵によって分解することができるからです。分解産物は単糖類と短鎖脂肪酸（酢酸、プロピオン酸、酪酸など）になって、単糖類はエネルギー源に、短鎖脂肪酸は脂質や糖質の合成に利用されています。このとき、微生物発酵によって腸内細菌の作り出すエネルギー量は、エネルギー源全体の五～一〇パーセントにもなるそうです。

このような微生物発酵を行うのは、主に嫌気性腸内細菌（酸素を嫌う腸内細菌）です。しかも、腸内細菌の種類は数多く、異なる種の腸内細菌どうしで栄養を供与し合って互いに共存しています。こうしたことはヒトに限らず、一般に動物では自身の酵素で消化できない食物を消化するために腸内細菌を利用しています。

腸内細菌は、難消化性食物からの栄養やエネルギーの獲得だけでなく、他にもビタミンK

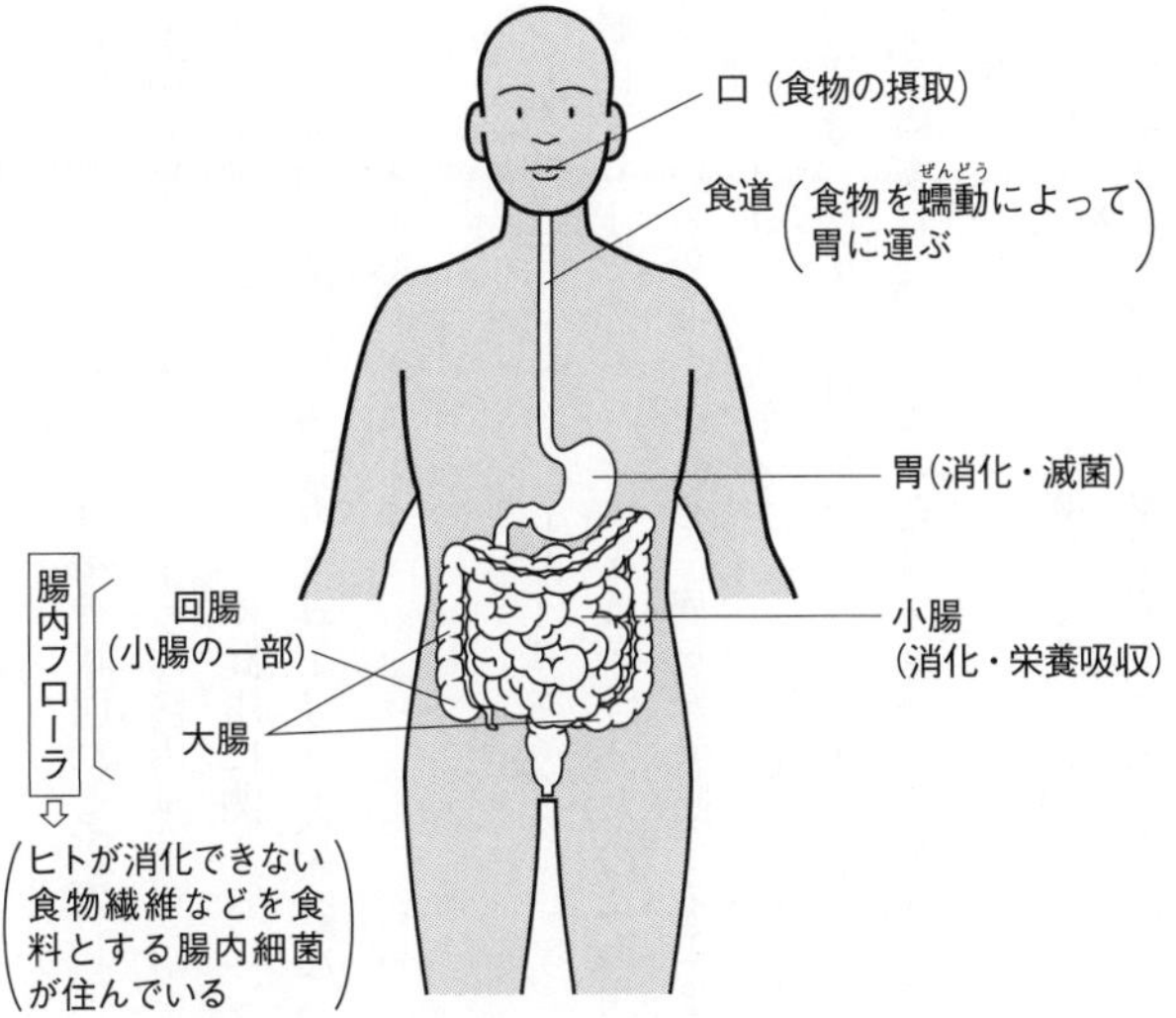

図7-1　食物の流れと「腸内フローラ」

などのビタミン合成、セロトニン、ドーパミンなどのホルモン合成を行うことが明らかになっています。さらに、微生物発酵で作りだした短鎖脂肪酸によって、ヒトの体の代謝経路にも影響を及ぼすことが近年知られてきました。腸は人体の免疫のうち、七〇パーセントもの免疫を司っているといわれますが、そこにも影響を与えています。実際、腸内環境を整えると免疫力が高まり、がん、アトピー、うつ病、脳梗塞、自閉症、認知症など多くの病気の予防や改善に役立つことが分かってきました。また、短鎖脂肪酸には腸管の収縮運動を高める作用もあります。

腸内環境を整えることは精神状態にも影響し、精神を健康的に保つといいます。なお、腸内細菌の集合体は腸内フローラ（腸内細菌叢）と呼ばれていますが、この腸内フローラを形成する菌種のバランスが大いに健康に関与していることが明らかにされてきました。このように、腸内細菌が作る腸内フローラは人体のなかで多様な働きをしているので、「もう一つの臓器」ともいわれています。

プロバイオティクスとプレバイオティクス

腸内フローラのバランスを改善するために有用な菌を摂取し、その働きを利用して体が本来持っている免疫力を高めて病気を予防することが行われています。この際、摂取される有用な菌をプロバイオティクス（probiotics）といいます。いわゆる「善玉菌」のことです。この用語は、抗生物質（アンティバイオティクス：antibiotics）と対比する用語として、用いられはじめました。とはいえ、プロバイオティクスも抗生物質も菌のお世話になっているという意味では一緒です。

プロバイオティクスの例として、ラクトバシルスがあります。この代表的な善玉菌をマウスに摂取させると体脂肪量が減少することが分かりました。ヒトでもラクトバシルスを摂取すると体重や体脂肪量が低下することが報告されています。こういった効果から、最近では善玉菌といわれる乳酸菌やビフィズス菌、酪酸菌を、乳酸飲料やサプリメントから摂取することが盛んに行われるようになりました。

プロバイオティクスに関連して、善玉菌の増殖を促進する化合物（食品）をプレバイオティクス（prebiotics）といいます。プロバイオティクスと混同しやすい名称ですが、要するに善玉菌の〝餌〟です。たとえば、食物繊維やオリゴ糖の多い食品は、善玉菌を増殖させるのでプレバイオティクスといえます。どうしてプレバイオティクスが善玉菌の餌になるかというと、食物繊維はヒトの消化酵素で消化されないので、善玉菌のいる腸に届くからです。食物繊維の代表例である植物繊維にも色々あります。野菜と果物は共に植物繊維がありますが、その種類は異なり、野菜は難溶性のセルロースが主成分で、果物は水溶性のペクチンが主成分です。ペクチンは果実ジュースやネクターなどに含まれるドロッとした感じの成分といえば、イメージしやすいでしょうか。

オリゴ糖を多く含む食物には、大豆、タマネギ、ゴボウ、ネギなどがあり、これもまた野菜に多く含まれています。特にガラクトオリゴ糖はビフィズス菌が好む餌なので、ガラクトオリゴ糖を多く摂取すれば、ビフィズス菌の増殖を助けます。ですから、このような野菜、豆類、精製していない穀類などは、腸内細菌を増やすにはとても良い食品といえます。また、ヨーグルト、味噌、漬物などの発酵食品も、乳酸菌やビフィズス菌、酪酸菌を含んでいて、善玉菌を増やすのに良い食品です。野菜は植物繊維やオリゴ糖の他にもポリフェノールやカロテノイド、テルペン、グルカンなどのファイトケミカルを多く含み、抗酸化作用もあるので、サラダやスムージーなどで野菜を多くとることは健康にとって非常に良いことなのです。

また、よくネバネバした食品が体に良いといわれますが、ナガイモ、オクラ、モロヘイヤなどの植物性食品や、ナメコなどのキノコ類、ワカメ、モズクなどの海藻類は、ネバネバ成分のムチンを多く含み、これらも善玉菌の餌となります。さらに糖タンパクであるムチンは水分保持力が高いので、腸内でも固くならず、便通に良いという効果もあります。いっぽう、代表的な悪玉菌であるウェルシュ菌やボツリヌス菌などは、脂質やタンパク質が中心の食生活や、ストレスの多い生活で増えるといわれています。どんな食事をするかで腸内フローラの菌種のバランスが大いに変わってくるのです。

腸内に到達した食物繊維は、ビフィズス菌、乳酸菌、酪酸菌など善玉菌によって消化され、乳酸や酢酸、酪酸、プロピオン酸などの短鎖脂肪酸が作り出されます。ビフィズス菌、乳酸菌は以前から善玉菌として知られていましたが、最近では酪酸菌も強力な善玉菌であることが分かり、その効果が注目されています。これらが作り出す脂肪酸は腸内を酸性にするため、酸性に弱い悪玉菌の増殖を抑えることができます。

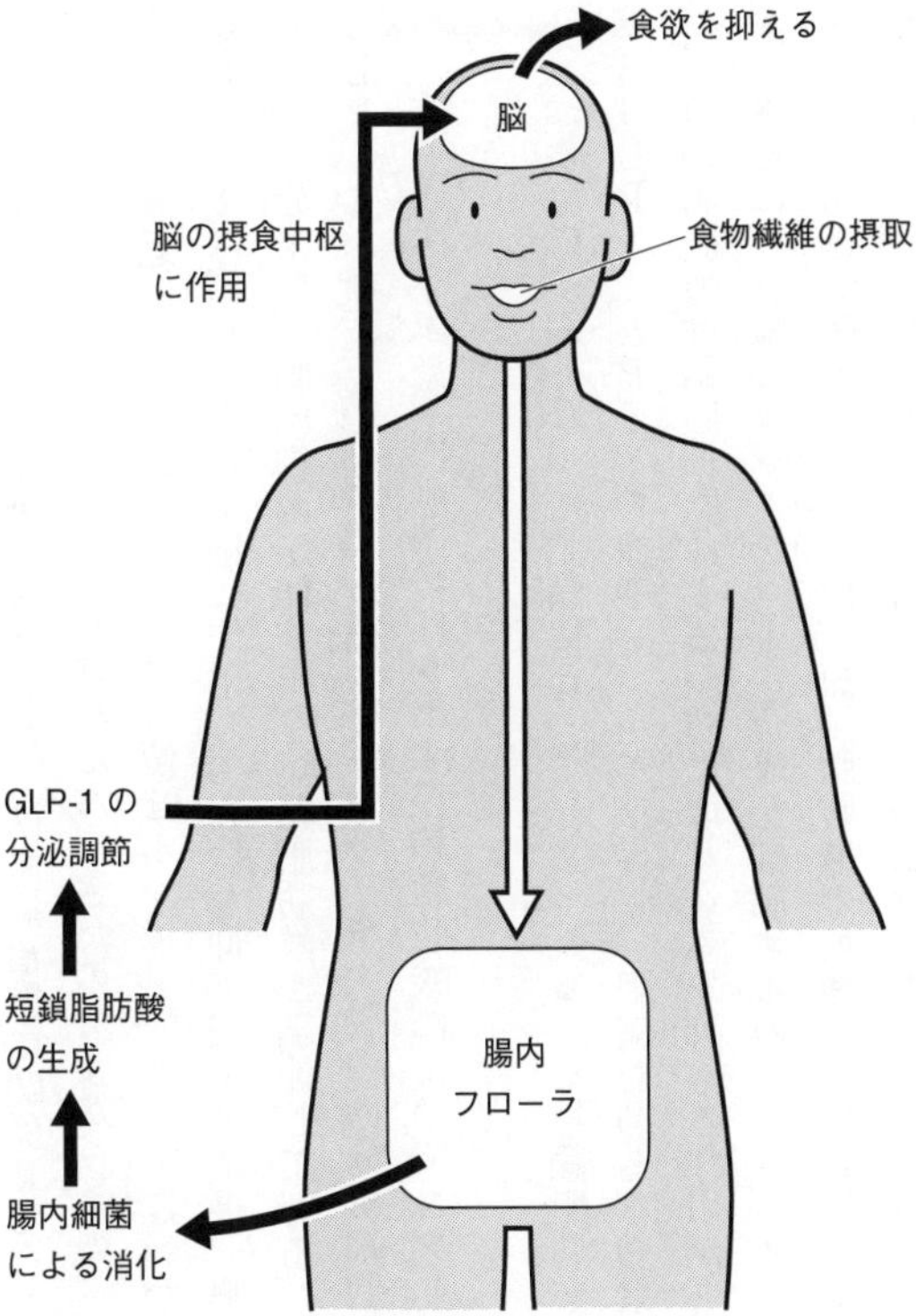

図7-2　腸内細菌による食欲抑制

さらに、短鎖脂肪酸はエネルギー源となるだけでなく、内分泌ホルモンに影響を与えて食欲をコントロールすることが分かってきました。糖尿病治療に関係してGLP－1（グルカゴン様ペプチド－1）というペプチドの研究が進んできたのですが、このペプチドは肥満にも影響することが最近明らかになったので、〝痩せホルモン〟としてにわかに注目を集めています。GLP－1は、脳の摂食中枢に作用して食欲を抑え、その結果、肥満を抑えます。このGLP－1の分泌は、腸内細菌が作り出す短鎖脂肪酸が調節していることが分かってきました。GLP－1の他にも、回腸（小腸の後半部分）や大腸の内分泌細胞から分泌されるPYY（ペプチドYY）も、腸内細菌が作り出す短鎖脂肪酸によってコントロールされています。

インスリンへの反応が弱くなって肥満になってしまったヒトに短鎖脂肪酸の一種、酢酸を注入すると、GLP－1とPYYの血中レベルが上昇し、肥満を抑える効果が見られたそうです。また、短鎖脂肪酸は脂肪細胞による脂肪の取り込みを抑える作用があるので、肥満を予防します。さらに、肝臓のコレステロール合成を抑制するので、コレステロールの低下にも役立ちます。善玉菌を摂取することは、短鎖脂肪酸の増加や、GLP－1の分泌の亢進を引き起こし、腸内フローラの乱れも改善する良い方法なのです。

腸内細菌は、メタボリック症候群にも関係しています。無菌マウスの母親（腸内細菌を持っていない）を用いた実験では、その仔マウスはメタボリック症候群になりやすいことが観察されています。同様に、妊娠中に食物繊維が少ない餌を食べさせたマウスでも、その仔マウスは肥満になりやすいことが明らかになっています。つまり、腸内細菌がいない、もしくは少ない場合には、メタボリック症候群になりやすいということです。そして、いったんメタボリック症候群を発症した仔マウスに腸内細菌を移植しても、肥満は直りませんでした。ということは、仔マウスの肥満を抑える効果があるのは、母親の腸内フローラであって、仔マウスの腸内フローラではないということになります。おそらく、腸内細菌を持つ母親の腸内フローラが作り出す代謝産物が、仔マウスのメタボリック症候群の発症を抑えていると考えられます。こうしたことから、子供がメタボリック症候群にならないためには、母親の腸内フローラの状態を良くすることが重要だと考えられます。これが人間にも当てはまるとすると、妊娠中は母親の食事に気をつける必要がある、という教訓が導き出せそうです。

ヒトの免疫系に作用する腸内細菌

善玉菌の餌となる食物繊維などの食品を多く取る人は、腸内細菌の多様性が保たれ、病気になりづらいといわれます。それに対して、腸内バランスを崩して多様性をなくし、悪玉菌など特定の菌を増えさせてしまうと、潰瘍性大腸炎などの病気が引き起こされることが知られています。最近、このような病気に対して、腸内バランスを改善することによって治癒する方法が開発されてきました。たとえば、健康な人の糞便を移植する方法があります。実際に健康な人の糞便を溶かして直接大腸内に挿入したり、効果のある有用菌の集団をカプセルに入れて口から摂取したりと方法は様々ですが、腸内環境を改善すると治癒する例が見られるのです。

腸内細菌が住む腸は、栄養物の摂取だけでなく、免疫の面でも大きな力を持っています。免疫を司るグロブリンのうち、IgA（イムノグロブリンA）は腸で作られています。腸でIgAなどの免疫系が発達しているのには、進化的な理由があると考えられます。口から摂取した食物は胃、小腸、大腸という器官を通り、栄養分が吸収されたのちに肛門から外部に排出されます。つまり、腸を含めて消化系の器官は体内にはあるものの、絶えず外部の環境に接している器官といえます。

そうなると、一つ問題が生じます。というのは、口から取り込むのは栄養物だけではありません。様々な病原菌や微生物も一緒に食べてしまいます。小腸に達する前に、胃の内部で胃酸という強力な殺菌作用によって大部分の菌は死滅しますが、それでも小腸や大腸に達する菌がいます。そして、小腸は栄養分を体内に吸収するところです。ここで栄養物だけでなく病原菌までもが体内に入ってしまっては大変です。そこで、強力な免疫系を発達させて、病原菌が体内に入るのを阻止しているわけです。また、腸内に住みついている腸内細菌は、自分たちのなわばりである腸内の住処を、外部から入ってきた新参者の菌に乗っ取られてはたまりません。こうしたことから、腸内細菌とヒトの免疫系はお互いに協力しあって、外部からの菌の侵入を防いでいるのです。しかも、腸管免疫系と全身の免疫系は密接につながっており、腸管免疫系が活性化すると全身の免疫系にも働きかけ、IgA以外の抗体の産生をも促しています。たとえば、乳酸菌を与えたマウスはインフルエンザに抵抗性を示すことが知られています。

腸内細菌は直接、病原菌を駆除することもします。乳酸菌は、その名の通り、強い酸性を示す乳酸を作り出します。乳酸菌やビフィズス菌、酪酸菌などの善玉菌は自ら酸を作るため、酸に強い性質を持っていますが、悪玉菌など他の菌は酸に対する耐性がありません。この特性を利用して、乳酸で周りを酸性にすることにより、他の菌の増殖を防ぐことができます。これは胃が胃酸を分泌して滅菌するのと同じ戦略です。さらに、乳酸菌は他の細菌に対して抗菌作用を示すバクテリオシンという物質を作ります。天然の発酵食品が腐敗しないのは、乳酸菌が作り出す酸性の環境とバクテリオシンのおかげです。バクテリオシン（バクテリオシンはヒトの胃液で消化されて体内に残らないため、乳酸菌が産生するナイシン（バクテリオシンの一種）は安全な食品保存料としてWHOでも承認され、現在、数多くの国で使われています。これらは乳酸菌が自ら増殖するための武器ですが、ヒトにとっても、下痢や疾病を引き起こす悪玉菌を駆除してくれるので、大いに助かっているのです。

脳と腸はつながっている?――「脳腸相関」

腸内細菌や腸内フローラは健康面だけでなく、脳と密接に関与しており、感情面にも影響していることが知られています。そもそも、〝脳〟は腸の先端部分が進化した器官ともいわれており、脳と腸が密接な関係性を持っていることは不思議ではありません。腸には腸管を取り巻く腸管神経系があり、腸管神経系は五〇〇〇万個の神経細胞から成り立っています。そして、腸管神経系は迷走神経系と密接につながっており、さらに迷走神経系は脳にもつながっています。

それゆえ、感情の起伏やストレスが、胃や腸などの消化管内の分泌にも影響するのです。ストレスが多い生活をしていると、便秘になりやすいのもそのためです。この脳と腸の関係は「脳腸相関」といわれています。脳腸相関でも、腸内細菌は重要な役割をしており、シグナル物質を通して脳に影響を与えています。しかも、腸内細菌は神経成長因子をコントロールする神経伝達物質に影響を与え、脳や神経の成長を促しているのです。精神を安定化するホルモンとして知られるセロトニンは腸管で作られますが、それにも腸内細菌のビフィズス

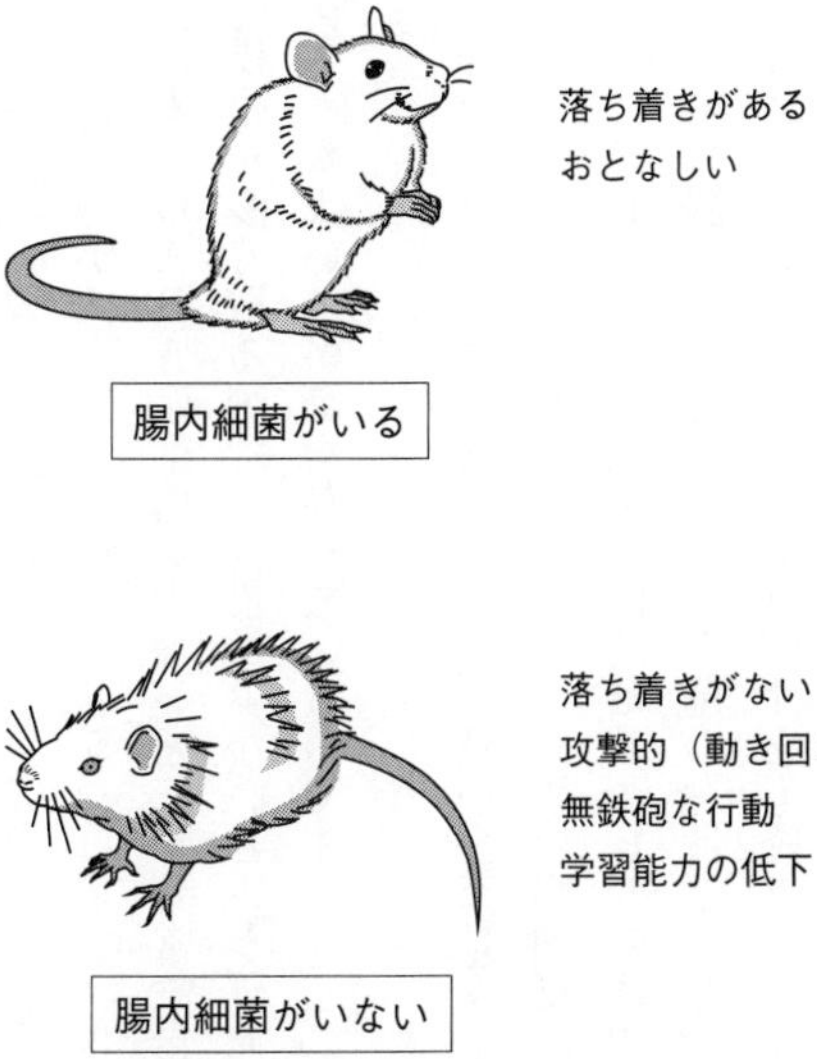

図7-3　腸内細菌の有無による行動の違い

菌が関わっています。ビフィズス菌はセロトニンを自ら作り出します。このセロトニンは迷走神経の発達を促して脳を育てています。

腸内細菌を除去すると、どのような変化が起こるのでしょうか？　こうした実験がマウスを使って行われました。その結果、抗生物質で腸内細菌を駆除して作成した無菌マウスでは、落ち着きがなくなり、学習能力も低下することが見られました。また、恐怖反応を示さず、無鉄砲な動きをするようになりました。ところが、このマウスにビフィズス菌（善玉菌）を与えると、そうした行動がなくなり、正常なマウスと同じように振る舞うようになります。

この場合、どんな菌でもよいというわけではなく、別の腸内細菌であるバクテロイデス菌（日和見菌《ひよりみきん》）を与えた場合には、何の効果もなかったそうです。無菌マウスの落ち着きがなく学習能力が低下する気質は、どうやらビフィズス菌を除去したことが原因だったようです。

他にも、GABA産生菌が少ないと行動異常や自閉症を起こすことが知られていますし、食物繊維を多く取る国では自殺が少ないという研究結果もあります。腸内細菌は、ヒトの精神衛生にも大いに影響を与えているのです。

赤ちゃんから亡くなるまで、人間は菌と共に生きている――共生の仕組み

ここまで、ヒトが生きていくうえで、腸内細菌がいかに役立ってきたかを見てきました。これに対して、腸内細菌は何のためにヒトの体内に住んでいるのでしょうか。

ヒトに限らず、動物は昔から菌のお世話になっていました。草食動物は、牧草などの草を主食にしていますが、肉を食べずとも隆々とした筋肉を持っています。これは、草食動物の消化器官に生息する菌のおかげです。

そもそも、動物は植物の細胞壁を形成するセルロースを分解できません（カタツムリなど特殊な例はありますが）。牛や羊が草を食べて消化できるのは、彼らの特殊な胃（ルーメン）

に存在する菌のおかげです。セルロースを分解できる菌が、ルーメン内で植物の細胞壁を分解し、栄養源にしているからです。さらに植物は、リグニンという細胞壁を保護する強固な物質に囲まれています。そのため、動物は植物を食べたとしても細胞壁を消化できません。

余談ですが、石炭は、まだリグニンを分解できる微生物が地上に現れていない時代の産物です。石炭紀など石炭が多く見られる古生代では、シダ類の巨大植物は枯れたあとも消化されずに埋もれたまま残りました。それらが風化し残ったものが石炭です。リグニンを消化できるようになったのは、石炭紀末期の二億九〇〇〇万年前に現れたリグニンを分解できる酵素(ペルオキシダーゼ)を持つ白色腐朽菌が現れてからです。現代では、樹木が枯れたあとはこれらの菌類やシロアリなどで速やかに分解されてしまうので、石炭のような形では残ることはもうありません。

共生によって、動物はセルロースやペクチン、リグニンなど、植物の強固な細胞壁成分を分解することに成功し、植物を消化できるようになりました。分解能力がある菌の力を借りたのです。さらに、消化管に住む菌によって栄養物の転換を行い、必須アミノ酸を含むタンパク質を獲得することもできるようになりました。このようにして、反芻動物はルーメン発酵で微生物タンパク質を作り出します。反芻動物にとって、ルーメン内の菌は生存になくてはならないものです。

同じように、乳酸菌やビフィズス菌もまた、生まれたときから亡くなるときまで、ヒトの体のなかに住んでいます。そしてお互いに利用しあっています。乳酸菌やビフィズス菌の共生は、一般に赤ちゃんが分娩時の産道を通るときに、母体の乳酸菌などが赤ちゃんの体内に入るとされています。しかし、胎内環境に関する近年の調査によって、胎児のときからすでにこれらの菌があるらしいともいわれるようになりました。また、赤ちゃんの腸内フローラは一定ではなく、生まれたあとも変化していきます。たとえば、母乳を与えると母乳に含まれるミルクオリゴ糖を利用できるビフィズス菌が増殖していきます。母乳から栄養をとる段階が終わり、食事をして成長する段階になると、腸内フローラの菌種も変わってきます。ちなみに赤ちゃんの腸内フローラが一定化し、そのヒト特有の腸内フローラが確立するのは、三歳ごろといわれています。

腸内細菌以外にも、私たちの体には様々な生き物が住みついています。たとえば、皮膚の上にも細菌が住んでいます。皮膚の常在細菌は数多く、シャーレの寒天培地に手の平を押し付けて培養すれば、いかに多くの細菌が皮膚に住んでいるかが分かるでしょう。有用な菌だけではありません。潜伏性のウイルスや病気を起こす病原菌など、様々なものが住みついています。一般的に、ヒトの皮膚には数百億個の常在菌が存在していて、その種類は二〇種に及ぶといわれます。代表的な皮膚の常在菌には、表皮ブドウ球菌やアクネ桿菌があります。

これらの菌も、ヒトの健康と関わりを持っています。たとえば、表皮ブドウ球菌は、アトピー性皮膚炎の原因となる黄色ブドウ球菌を攻撃する抗菌ペプチドを作り、ヒトの皮膚を守ってくれます。また、アクネ桿菌は、普段は肌を弱酸性に保ち病原菌の侵入を防いでいます。このように、皮膚常在菌である表皮ブドウ球菌やアクネ桿菌はヒトの皮膚を保護しており、また皮膚に分泌された物質を餌にして生きています。つまり、皮膚常在菌と人間は「共生関係」になっているのです。

いっぽう、アクネ菌はニキビの原因にもなります。人間の毛穴の奥には皮脂腺があり皮脂を分泌して皮膚を保護していますが、皮脂が過剰に分泌されると毛穴が詰まってしまいます。そうすると、嫌気性細菌であるアクネ菌は酸素の少なくなった皮脂のなかで大繁殖し、皮脂分解酵素であるリパーゼを使って皮脂を分解し炎症物質を作り出してしまいます。いっぽう、毛穴の細胞は、増殖したアクネ菌に対抗するために免疫反応を引き起こし、炎症性生理活性物質を産生します。これらの炎症物質がニキビの原因となるのです。共生といっても、メリットだけではないことは、本書で一貫して説明してきた通りです。

菌と動物との共生はいつごろから始まったか

菌と動物との共生はいつごろから始まったのでしょうか。腸内細菌の場合、動物が消化器官を確立した当時から始まったといわれています。地球上に酸素が現れたときに、それまで嫌気的環境に生息していた嫌気性細菌が新たに現れた酸素から逃れるため、嫌気的環境を探し求めました。そこで見つけた場所が動物の腸内であったのでは、という説です。つまり、口から取り込まれた嫌気性細菌が酸素の乏しい小腸や、酸素がない大腸に住みついたのではないかということです。そう考えると、嫌気的環境である腸内は、嫌気性細菌である大腸菌や乳酸菌などにとっては絶好の環境であったに違いありません。

この説が正しければ、はるか昔、ヒトの祖先の発生初期からヒトと菌は共生してきたことになり、随分と古い関係になります。一般に、生物は侵入者に対して免疫反応を示しますが、このような古くからの関係だとすると、免疫の面では徐々に寛容になっていったのだと考える他ありません。そして、お互いに利用しあい、共に進化してきたのでしょう。

しかし、前述したように、ヒトと菌との共生はお互いに奉仕し合っている関係だけではありません。あくまで、自分たちの生存に役立つからこそ共生しているわけです。利用価値がなくなれば、共生関係も解消されてしまうでしょう。もっといえば、善玉菌といわれる菌種も、ヒトの体に良いことばかりしているわけではありません。たとえば、虫歯を引き起こすミュータンス菌は乳酸菌の仲間です。ミュータンス菌は、他の乳酸菌と同様にネバネバしたムチン質を好みます。歯の周辺に住みついたミュータンス菌は、糖分からネバネバした物質を作り出して歯の周りに張りつき、乳酸を作ります。そのため、乳酸によって歯のエナメル質が溶け出して虫歯になるのです。たまたま住んでいるところが問題というわけです。

逆に、悪玉菌も悪いことだけをしているわけではなさそうです。胃がんを誘発する代表的な悪玉菌として知られるピロリ菌の仲間にも、そういう菌がいます。以下で紹介しましょう。胃のなかは胃液があり、ペーハー（pH）が一〜二の強い酸性です。そのため、ほとんどの菌は生息できないとされてきました。しかし、そういう強酸性環境下でも、胃がんの原因となるピロリ菌は生息しています。ピロリ菌は酸性に特に強いというわけではありませんが、胃粘膜に潜んで胃酸を防いでいます。しかも、ピロリ菌はウレアーゼという酵素を持っていて、胃のなかの尿素を分解してアンモニアと炭酸ガスを作り出します。アンモニアはアルカリ性なので、胃酸を中和してしまいます。このようにして、ピロリ菌は胃酸という強力な酸に対抗して生きてきたのです。

ピロリ菌の感染経路は明確ではありません。有力な感染経路と考えられているのは、井戸水感染と家族内感染です。昔は井戸水が多く使われていました。井戸水感染は、ピロリ菌が混入した生の井戸水を飲むことによる感染です。五〇年前には、日本人のほとんどがピロリ菌に感染していました。しかし、上水道の整備が行われた現在では、日本人のピロリ菌感染率は大幅に低下しています。実際に、二〇一〇年代半ばには、三〇代以下のピロリ菌感染率は一〇パーセント以下になりました。ヒトがピロリ菌に感染する時期は、四歳以下の乳幼児のころです。この時期は胃酸の分泌量が少ないので、口から侵入してきたピロリ菌が胃粘膜に住みつきます。ヒトが五歳以上に成長すると、胃酸の分泌量が多くなり、侵入してきたピロリ菌も死滅するので、感染することが少なくなります。

家族内感染は、特に母親が自分で噛み砕いた食べ物を離乳期の幼児に与えることが原因で起こります。もし、母親がピロリ菌感染者であった場合、ピロリ菌が胃から口に移動し、唾液のなかに潜むようになります。こうなると、母親の咀嚼物はピロリ菌に汚染されているので、幼児に伝染してしまうのです。

このように小憎らしいピロリ菌ですが、いくつかのタイプがあることが知られています。日本人の胃のなかにいるピロリ菌は胃炎・胃がんを引き起こしやすいタイプのようですが、海外のピロリ菌は胃酸の逆流を抑えたり、食欲ホルモンを調節して肥満を防止する働きがあるといわれています。また、子供の喘息やアレルギーの発症を抑える働きも持っているというのです。現在、ピロリ菌はヒトにとって病原菌にすぎませんが、将来、ピロリ菌が病気を引き起こさないタイプに進化すれば、ヒトとピロリ菌は完全な共生関係になるかもしれません。

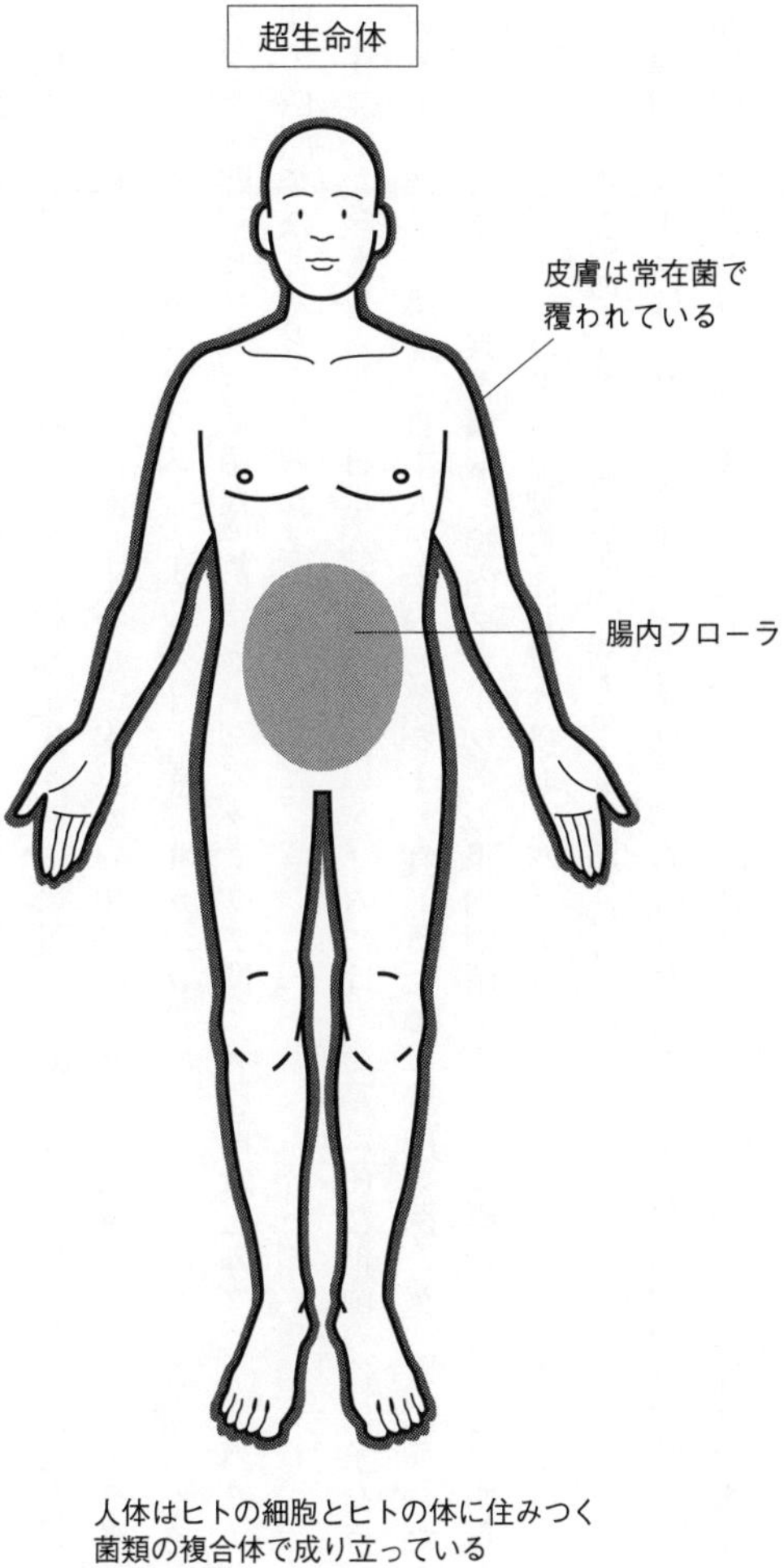
超生命体
皮膚は常在菌で
覆われている
腸内フローラ
人体はヒトの細胞とヒトの体に住みつく
菌類の複合体で成り立っている

図7-4 超生命体

超生命体としての共生体

腸内細菌の分類では、善玉菌、悪玉菌、または日和見菌という名称がよく使われますが、実はこの分類は、微生物学者の光岡知足氏がヒトに役立つかどうかという見地から付けた名称で、分類学的な記述ではありません。実際の分類では、ヒトの腸内フローラは、ラクトバチラスやクロストリジウムなどのファーミキューティス門、バクテロイデスなどのバクテロイデテス門、ビフィズス菌などのアクチノバクテリア門、大腸菌などのプロテオバクテリア門の四門でほとんど占められています。

民族的な差も見られ、日本人の腸内細菌のゲノムには、海藻に住む細菌の遺伝子を持っているものがあります。日本人が生の海藻をよく食べるために腸内細菌のゲノムに移ったものと考えられます。食習慣も、腸内フローラでの腸内細菌バランスに影響することが明らかにされており、タンパク質や動物性脂質の摂取とバクテロイデスの割合、炭水化物摂取とプレボテラ（善玉菌の一種）の割合が関連することが知られています。

腸内フローラは、食事の変化などで菌種の割合は変動しますが、腸内細菌は常時、ヒトの体に住みつき共存しています。そして、これまで述べたようにヒトの心身に様々な影響を及ぼしています。

分子生物学の基礎を築いた先駆者のひとりであるレーダーバーグは、ヒトの体をヒト自身と菌（腸内細菌以外も含めた菌）からなる〝超生命体〟と呼びました。腸内細菌に限らず、白然界では地衣類のように共生が進んで、一つの生命体のように見られる例が数多くあります。我々人間もまた、様々な生物と共存して生きていることを忘れてはなりません。

終章

進化と「利他」

――生命のドライビング・フォース

ここまで、「生物は利他的か」というテーマで、ミトコンドリアと葉緑体の細胞内共生から始まり、様々な動物、植物、菌類、そして人間での共生の事例を見てきました。

共生の相手も様々であり、その関係も一筋縄でまとめられるものではありませんが、大きく分けると、細胞内共生、細胞外共生といった細胞レベルでの共生のケース、次に個体レベルでの共生のケースについて、興味深い例をご紹介してきました。真核細胞を誕生させたミトコンドリアや葉緑体の細胞内共生の事象を直接見ることはできませんが、そのヒントを与えるものとして、盗葉緑体の例を挙げました。また、共生によって必要でなくなった器官を退化させ、完全に依存して生きているチューブワームの例、外敵から身を守るために栄養分を与える代わりにガードしてもらう、アリとアブラムシやアリと植物の例もありました。他にも、お互いに助け合っているようで、実は互いに出し抜こうとしている昆虫と植物の関係や菌と植物の関係など、共生の形は様々であり、その生物たちならではのドラマがあります。

こうした事例を見てみると、利他的行動に見える共生も、むしろ利己的行動の結果として、成立したものに思えます。「生物はやはり利己的だ」という結論で、幕を閉じるべきなのでしょうか。

一般に、お互いにメリットがある共生は「相利共生」と呼ばれ、片方だけにメリットがある共生を「片利共生」といいます。このことはすでにご説明した通りです。本書では、「相利共生」の事例として、絶対共生状態にあるシロウリガイと硫黄酸化細菌、植物と昆虫、植物と菌類、ヒトと腸内細菌の例をご紹介しました。対して、「片利共生」に近いものとしては、ウミウシと盗葉緑体、サムライアリの例を挙げました。利他・利己の視点からみると、「相利共生」が「利他的行動」に近いもの、「片利共生」が「利己的行動」に近いものとみなすことができます。「片利共生」は、一方的に相手を利用する形の「寄生」に近いもので、「利己的行動」そのものといえるでしょう。

細胞レベルでの共生は生存に必要な行為なので、「相利共生」といっても個体レベルの利他的行動とは違います。動物や植物の集団内での利他的行動は、彼ら自身や彼らが属する集団をいかに有利に生き残らせ、子孫を増やすことができるかということから生じています。進化の過程で生じた鳥類や哺乳類の利他的行動は、遺伝子にプログラムされている本能的な行動といえるでしょう。それでも、鳥には初歩的な言葉に近い鳴き声があり、哺乳類ではより進んだ共感を示す行為が見られます。プレーリーハタネズミのように、人間に近い共感の感情を示す動物もあり、その行為がオキシトシンで誘導されることも分かってきました。こうしたオキシトシンの効果は人間でも見られます。実際、鼻にオキシトシンをスプレーすると、人は協調的になって利他的行動をとるようになるという研究があるほどです。これを鑑みると、人間の利他性の獲得は、プレーリーハタネズミと同じような進化の過程をたどったものと考えられます。

ただ、人間では脳の著しい進化により、情報処理能力が格段に高まり、同時に複雑な感情を持つようになっています。その結果、動物には見られないような高度な利他的行動が古くから見られます。以前、ネアンデルタール人の化石から腕と脚が不自由で片目が失明している人のものが見つかりました。化石を調べてみると、その人物はどうやら不自由になってからも数年間生存していたと推測されたそうです。これは仲間から食料を分け与えられ、敵からも守られて生存していたことを意味します。このような化石の証拠から、人類がそのころすでに利他的行動を行っていたと推測されます。

こうした人間の持つ発達した利他的本能は、人間が他の種に対して優位に立つ原動力、すなわち子孫をより多く増やすためのアドバンテージになったといえます。現に我々の祖先であるホモ・サピエンスは、脳の発達と共に、より発達した集団を作る力、その基盤となる仲間に対する信頼の醸成などによって、生存競争に勝利したと思われます。言い換えると、ヒトが協調性を持たず、異なる小集団どうしで互いの闘争（生存競争の一種）ばかりを好むようであれば、全体としてのホモ・サピエンス（ヒト）は他の動物や種によって滅ぼされていたかもしれません。人間に備わる利他性は、協調的な集団を形成するために利用されてきたのではないでしょうか。

「序にかえて」でも触れたドーキンスの利己的遺伝子という概念になぞらえていえば、遺伝子が生き残り増殖するために利他性を利用してきたともいえます。そう考えると、人間にとっては「利他的行動」とみえるものが、遺伝子にとっては増殖するための「利己的行動」とみることができます。遺伝子が自己の分身を増やそうという強いドライビング・フォースが、ときには利己的、またあるときには利他的行為に見えるというのが、妥当な答えなのかもしれません。

人間社会に当てはめて考えるなら、協調性を持つ利他的な社会が遺伝子の増殖にとって都合の良い環境であれば、そのような文化的ストレス（選択圧）が社会に働き、協調性を持つ人の割合が高まるといえそうです。

とはいえ、全ての人が協調しあう理想的な社会の実現が難しいことも事実です。ある集団のなかでは、協調的な人間は七〇パーセント、協調的でない人間は三〇パーセント程度の割合に落ち着くともいわれます。事実、人間社会では人種や宗教、政治体制や文化などが異なる小集団（国や部族）のあいだでの争いが今も続いています。また、日常の集団のなかで集団内での優位性を得ようとするマウンティング、自己を守ろうとする過剰なプライドによって精神的なストレスに苛まれている人も多くいます。生存競争という視点から見ると、こうした行為が完全になくなることはないかもしれません。

しかし、人類はせっかく進化の過程で利他性という〝武器〟を獲得したのですから、種の生存戦略としては、それを大事にするのが一番です。利己的な「競争」よりも、利他的な「共生」をいっそう大切にする社会の構築を模索したいものです。

あとがき

この三年間というもの、世界はコロナ禍に悩まされ、気楽に外出する自由も奪われて自宅にいることを余儀なくされました。窮屈な思いをしましたが、せっかく時間的余裕があるので何か読み物を書こうと思い立ち、誘い合って取り組んだ成果がこの本です。

なにを主題にしようかということをふたりで相談していたところ、我々は植物学者と動物学者ですから、話のなかで動物と植物の違いは何だろうという話題になり、運動能力などの違いなどがあるものの、一番大きいのは葉緑体の有無ではなかろうかという結論に達しました。ご存じのように、葉緑体は太陽のエネルギーを利用することができ、地球上のほぼ全ての植物・動物の生命を支えている重要な細胞小器官です。この葉緑体の成り立ちは、生物の進化の過程で「共生」という現象によって起こり、動物と植物の大きな分岐点となっています。

主題を「共生と進化」にしようと決め、中公新書編集部の楊木文祥氏に相談したところ、

「共生は利他的現象でしょうか？」という質問を受けました。「共生」という言葉通り、お互いに助け合う利他的行為であると一般には認識されているようです。生物学者にとってみると、共生は必ずしも利他的行為ではないことは旧知の事実ですが、一般の人にとっては利他的行為であると思われていることをあらためて感じました。それでは、共生を利己的か利他的かという観点から見てみたらどうだろうという話になり、そのような視点から様々な生物が織り成す事例を見て、「共生」ということを解説することに決めました。

事実関係に関しては文献などを参照し、間違いのないように努めましたが、一般の読者にも読みやすいように、あえて比喩やたとえを多用しました。共生を理解するうえでの入門的な読み物として読んでいただければと思います。

本書の執筆にあたっては、序にかえて、第一章、第二章、第五章、第六章、第七章、終章、あとがきを鈴木が担当し、第三章、第四章、各コラムを末光が担当しました。書籍としての構成や文章表現の統一に関しては、主に鈴木がその任に当たりました。事実関係をはじめ、全ての内容面についてふたりで何度もやりとりを重ねて推敲したため、当初予定していたよりも多くの時間を費やしました。さらに楊木氏の視点を交えて校正を行いましたので、いわば三人の合同作品といえます。

その他にも、本書を書くにあたって、様々な方々に事実確認や資料などの協力を得ましたので、この場を借りてお礼を申し上げます。本書を読んで共生や進化、さらに人間にとって永遠の課題でありながら、日常の忙しさにかまけて普段は忘れている「生命とは？　生きるとは何か？」ということに想いをはせる機会となれば幸いです。

二〇二三年四月

鈴木正彦
末光隆志

Onuma, R. et al. (2015) Kleptochloroplast enlargement, karyoklepty and the distribution of the cryptomonad nucleus in *Nusuttodinium* (=*Gymnodinium*) *aeruginosum* (Dinophyceae). *Protist* 166, 177-195

Schwartz, J. A. et al. (2014) FISH labeling reveals a horizontally transferred algal (*Vaucheria litorea*) nuclear gene on a sea slug (*Elysia chlorotica*) chromosome. *Biology Bulletin* 227, pp. 300-312

Sender, R. et al. (2016) Revised estimates for the number of human and bacteria cells in the body. *PLoS Biology* 14, e1002533

Spang A. et al. (2015) Complex archaea that bridge the gap between prokaryotes and eukaryotes. *Nature* 521, 173-179

Takano, Y. et al. (2014) Phylogeny of five species of *Nusuttodinium* gen nov. (Dinophyceae), a genus of unarmoured kleptoplastidic dinoflagellates. *Protist* 165, 759-778

The International Aphid Genomics Consortium (2010) Genome sequence of the pea aphid *Acyrthosiphon pisum*. *PLoS Biology* 8 (2), e1000313

Tokuda, G. et al. (2009) Digestive β-glucosidases from the wood-feeding higher termite, *Nasutitermes takasagoensis*: intestinal distribution, molecular characterization, and alteration in sites of expression. *Insect Biochemistry and Molecular Biology* 39, 931-937

Tokuda, G. et al. (2018) Fiber-associated spirochetes are major agents of hemicellulose degradation in the hindgut of wood-feeding higher termites. *PNAS* 115, E11996-E12004

Zan. J. et al. (2019) A microbial factory for defensive kahalalides in a tripartite marine symbiosis. *Science* 364 (6445), eaaw6732

学』ニュートンプレス

《英文》

Akiyama K., Matsuzaki K., and Hayashi H.（2005）Plant sesquiterpenes induce hyphal branching in arbuscular mycorrhizal fungi. *Nature* 435, 824-827
Bessho-Uehara, M. et al.（2020）Kleptoprotein bioluminescence: *Parapriacanthus* fish obtain luciferase from ostracod prey. *Science Advances* 6, eaax4942
Cai, H. et al.（2019）A draft genome assembly of the solar-powered sea slug *Elysia chlorotica. Scientific Data* 6, 190022
Gilbert, W.（1986）Origin of life: The RNA world. *Nature 319*, 618
Ikuta, T. et al.（2016）Surfing the vegetal pole in a small population: extracellular vertical transmission of an 'intracellular' deep-sea clam symbiont. *Royal Society Open Science* 3, 160130
Imoto, N. et al.（2021）Administration of β-lactam antibiotics and delivery method correlate with intestinal abundances of *Bifidobacteria* and *Bacteroides* in early infancy, in Japan. *Scientific Reports* 11, 6231
Kutsukake, M. et al.（2004）Venomous protease of aphid soldier for colony defense. *PNAS* 101（31）, 11338-11343
Lambert, J.（2019）Cells hint at roots of complex life 'Asgards' isolated and grown in the lab could be similar to cells that evolved into eukaryotes. *Nature* 572, 294
Lederberg, J.（2000）Infectious History. *Science* 288, 287-293
Maeda, T. et al.（2021）Chloroplast acquisition without the gene transfer in kleptoplastic sea slugs, *Plakobranchus ocellatus*. *eLife*
Miyake H. et al.（2006）Rearing and observation methods of vestimentiferan tubeworm and its early development at atmospheric pressure. *Cahiers de Biologie Marine* 47, 471-475
Nass, M. M. K.（1969）Uptake of isolated chloroplasts by mammalian cells. *Science* 165, 1128-1131

神」『ナショナルジオグラフィック日本版』: https://natgeo.nikkeibp.co.jp/nng/article/news/14/9557/
マット・リドレー〔大田直子、鍛原多惠子、柴田裕之、吉田三知世訳〕(2016)『進化は万能である』早川書房
松本忠夫(1983)『社会性昆虫の生態』培風館
松本忠夫(2012)「シロアリがつくる巨大な巣」『自己組織化で生まれる秩序』〔武田計測先端知財団編/荒川泰彦、今田高俊、松本忠夫、唐津治夢著〕ケイ・ディー・ネオブック
三浦知之(2012)『サツマハオリムシってどんな生きもの?』恒星社厚生閣
光岡知足(2011)『人の健康は腸内細菌で決まる!』技術評論社
水元惟暁、土畑重人(2017)「自己組織化から拓く社会性昆虫の生態学」『日本ロボット学会誌』35(6), pp. 448-454
宮川剛(2011)『「こころ」は遺伝子でどこまで決まるのか』NHK出版新書
宮沢孝幸(2021)『京大 おどろきのウイルス学講義』PHP新書
本川達雄(2008)『サンゴとサンゴ礁のはなし』中公新書
大和政秀、谷亀高広(2009)「ラン科植物と菌類の共生」『日本菌学会会報』50, pp. 21-42
山口晴代、中山剛、井上勲(2008)「クレプトクロロプラストを持つ原生生物、特に渦鞭毛藻について」『原生動物学雑誌』41(1), pp. 9-13
山里清(1991)『サンゴの生物学』東京大学出版会
山城秀之(2016)『サンゴ 知られざる世界』成山堂書店
山本善治(2008)「盗葉緑体により光合成する囊舌目ウミウシ」『光合成研究』18(2), pp. 42-45
山本善治ほか(2008)「光合成をするウミウシ」『うみうし通信』60, pp. 10-11
ヨハイ・ベンクラー〔山形浩生訳〕(2013)『協力がつくる社会——ペンギンとリヴァイアサン』NTT出版
リチャード・ドーキンス〔日高敏隆監訳、岸由二、羽田節子、垂水雄二訳〕(1991)『利己的な遺伝子』紀伊國屋書店
T・D・ワイアット〔沼田英治監訳、青山薫訳〕(2021)『動物行動

もの」『藻類』63, pp. 10-14
多田多恵子（2002）『したたかな植物たち――あの手この手のマル秘大作戦』エスシーシー
デイビッド・ハミルトン〔堀内久美子訳〕（2018）『親切は脳に効く』サンマーク出版
トリストラム・D・ワイアット〔沼田英治、青山薫訳〕（2021）『動物行動学』ニュートンプレス
長沼毅（2013）『深海生物学への招待』幻冬舎文庫
長沼毅、倉持卓司（2015）『超ディープな深海生物学』祥伝社新書
中村崇、山城秀之〔編著〕（2020）『サンゴの白化』成山堂書店
西田治文（1998）『植物のたどってきた道』NHKブックス
野口玉雄（1996）『フグはなぜ毒をもつのか――海洋生物の不思議』NHKブックス
長谷川政美（2020）『共生微生物からみた新しい進化学』海鳴社
パット・シップマン〔河合信和、柴田譲治訳〕（2015）『ヒトとイヌがネアンデルタール人を絶滅させた』原書房
早川昌志、洲崎敏伸（2016）「ミドリゾウリムシにおける細胞内共生研究の現状と課題」『比較生理生化学』33（3）, pp. 108-115
平野義明（2000）『ウミウシ学――海の宝石、その謎を探る』東海大学出版会
藤田紘一郎（2012）『脳はバカ、腸はかしこい』三五館
藤田紘一郎（2018）『腸内革命』（新装版）海竜社
フランス・ドゥ・ヴァール〔西田利貞、藤井留美訳〕（1998）『利己的なサル、他人を思いやるサル』草思社
本郷裕一、大熊盛也（2008）「シロアリ腸内共生微生物群の多様性とゲノム解析」*Journal of Environmental Biotechnology* 8（1）, pp. 29-34
本郷裕一（2011）「シロアリ腸内原生生物と原核生物の細胞共生」*The Japanese Journal of Protozoology* 44（2）, pp. 115-129
本間壯平（2021）「世界の珍色一位猛毒「フグの卵巣の糠漬け」」『東京新潟県人会ウェブ広報「まつたけ」』: https://kouhou.niigatakenjinkai.com/?p=2835
L・マーゴネリ（2014）「巨大なアリ塚を築くシロアリの集合精

島」『JAMSTEC』10（1），pp. 14-20
神原広平（2012）「シロアリの生活と水」『蚕糸・昆虫バイオテック』81（1），pp. 11-13
木村-黒田純子（2018）『地球を脅かす化学物質』海鳴社
黒岩常祥（2000）『ミトコンドリアはどこからきたか』NHKブックス
小柴共一、神谷勇治〔編〕（2010）『新しい植物ホルモンの科学』〔第2版〕講談社サイエンティフィク
児玉有紀、藤島政博（2008）「ミドリゾウリムシと共生クロレラとの細胞内共生成立機構」『原生動物学雑誌』41（1），pp. 15-19
児玉有紀、藤島政博（2008）『単細胞動物ミドリゾウリムシと緑藻クロレラとの細胞内共生成立機構』『原生動物学雑誌』41（2），pp. 117-132
小林武彦（2021）『生物はなぜ死ぬのか』講談社現代新書
齋藤雅典ほか（2020）『菌根の世界』築地書館
坂本洋典、村上貴弘、東正剛（2015）『アリの社会』東海大学出版部
佐巻健男（2014）『ウンチのうんちく』PHP研究所
R・ジェンナー、E・ウンドハイム〔船山信次、瀧下哉代訳〕（2018）『生物毒の科学』エクスナレッジ
塩見一雄、長島裕二（2013）『新・海洋動物の毒――フグからイソギンチャクまで』成山堂書店
末光隆志〔編著〕（2020）『動物の事典』朝倉書店
鈴木正彦（1990）『植物バイオの魔法』講談社ブルーバックス
鈴木正彦（1994）『花・ふしぎ発見』講談社ブルーバックス
鈴木正彦（2004）『植物はなぜ花を咲かすのか』農文協
鈴木正彦〔編著〕（2011）『植物の分子育種学』講談社サイエンティフィク
鈴木正彦〔編著〕（2012）『園芸学の基礎』農文協
園池公毅（2008）『光合成とはなにか』講談社ブルーバックス
J・ソネンバーグ、E・ソネンバーグ〔鍛原多恵子訳〕（2016）『腸科学――健康な人生を支える細菌の育て方』早川書房
髙野義人（2015）「渦鞭毛藻類と葉緑体――*Nusuttodinium* の目指す

主要参考文献

《和文》

青木重幸（2013）『兵隊を持ったアブラムシ』〔復刻版〕丸善出版
安部琢哉（1989）『シロアリの生態』東京大学出版会
池子遺跡群資料館（2023.2.28最終更新）『シロウリガイ類化石（池子遺跡群）』: https://www.city.zushi.kanagawa.jp/shiminkatsudo/bunkazai/1004552/1004560.html
石川統〔編〕（2000）『アブラムシの生物学』東京大学出版会
石田祐三郎（2007）『海洋微生物と共生』成山堂書店
伊藤亜紗〔編〕、中島岳志、若松英輔、國分功一郎、磯崎憲一郎（2021）『「利他」とは何か』集英社新書
稲垣栄洋（2019）『生き物の死にざま』草思社
稲垣栄洋（2020）『生き物の死にざま——はかない命の物語』草思社
井上勲（2007）『藻類30億年の自然史——藻類から見る生物進化・地球・環境』〔第２版〕東海大学出版会
井上徹志（2001）「シロアリの生態」『化学と生物』39（５）, pp. 326-332
浦島匡、並木美砂子、福田健二（2017）『おっぱいの進化史』技術評論社
大沼亮（2020）「“葉緑体ドロボウ”は進化途中の現象か⁉ ——盗葉緑体性渦鞭毛藻「ヌスットディニウム」の細胞内共生の仕組み」*academist Journal*: https://academist-cf.com/journal/?p=14044
大村和香子（2006）「樹を使うシロアリの生活」『樹の中の虫の不思議な生活』〔柴田叡弌、富樫一巳編〕東海大学出版会
岡本典子、井上勲（2006）「二次共生による植物の多様化 ハテナと半藻半獣モデル」『化学と生物』44（11）, pp. 785-789
小澤祥司（2017）『うつも肥満も腸内細菌に訊け！』岩波書店
蟹江康光（1998）「相模湾をしらべる——深海から生まれた三浦半

DTP・図版作成　朝日メディアインターナショナル

鈴木正彦（すずき・まさひこ）

1948年神奈川県生まれ．東京大学大学院理学系研究科植物学専攻博士課程修了．理学博士．三菱化成総合研究所・植物工学研究所チームリーダー，青森県農林水産部理事，農林総合研究センター・グリーンバイオセンター所長，北海道大学教授を歴任．

著書『植物バイオの魔法』（ブルーバックス，1990）
『花・ふしぎ発見』（ブルーバックス，1994）
『植物はなぜ花を咲かすのか』（農文協，2004）
『植物の分子育種学』（編著，講談社，2011）
『園芸学の基礎』（編著，農文協，2012）ほか

末光隆志（すえみつ・たかし）

1948年大阪府生まれ．東京大学大学院理学系研究科動物学専攻博士課程修了．理学博士．埼玉大学教授を経て，同名誉教授．

著書『生物の事典』（編著，朝倉書店，2010）
『動物の事典』（編著，朝倉書店，2020）ほか

「利他《りた》」の生物学《せいぶつがく》
中公新書 *2763*

2023年 7 月25日発行

著　者　鈴 木 正 彦
　　　　末 光 隆 志
発行者　安 部 順 一

本文印刷　三晃印刷
カバー印刷　大熊整美堂
製　　本　小泉製本

発行所　中央公論新社
〒100-8152
東京都千代田区大手町 1-7-1
電話　販売 03-5299-1730
　　　編集 03-5299-1830
URL https://www.chuko.co.jp/

Published by CHUOKORON-SHINSHA, INC.
Printed in Japan　ISBN978-4-12-102763-4 C1245

自然・生物

s1

2305	生物多様性	本川達雄
2414	入門！進化生物学	小原嘉明
2433	すごい進化	鈴木紀之
1647	言語の脳科学	酒井邦嘉
2731	物語 遺伝学の歴史	平野博之
2736	ウイルスとは何か	長谷川政美
2656	本能―遺伝子に刻まれた驚異の知恵	小原嘉明
1709	親指はなぜ太いのか	島　泰三
1087	ゾウの時間 ネズミの時間	本川達雄
2419	ウニはすごい バッタもすごい	本川達雄
2677	エビはすごい カニもすごい	矢野　勲
877	カラスはどれほど賢いか	唐沢孝一
2759	都会の鳥の生態学	唐沢孝一
2485	カラー版 目からウロコの自然観察	唐沢孝一
1860	昆虫―驚異の微小脳	水波　誠
2693	カラー版 クモの世界―糸をあやつる8本脚の狩人	浅間　茂
2539	カラー版 虫や鳥が見ている世界―紫外線写真が明かす生存戦略	浅間　茂
2259	カラー版 スキマの植物図鑑	塚谷裕一
1706	ふしぎの植物学	田中　修
1890	雑草のはなし	田中　修
2174	植物はすごい	田中　修
2328	植物はすごい 七不思議篇	田中　修
2491	植物のひみつ	田中　修
2644	植物のいのち	田中　修
2732	森林に何が起きているのか	吉川　賢
2589	新種の発見	岡西政典
2572	日本の品種はすごい	竹下大学
2735	沖縄のいきもの	盛口　満
1769	苔の話	秋山弘之
939	発酵	小泉武夫
2408	醤油・味噌・酢はすごい	小泉武夫
348	水と緑と土（改版）	富山和子
2672	南極の氷に何が起きているか	杉山　慎
1922	地震の日本史（増補版）	寒川　旭
2763	「利他」の生物学	鈴木正彦・末光隆志